KB250905
규칙성과
문제해결
1학년에는
즐깨감 수학

와이즈만 BOOKs

## 와이즈만 영재교육연구소 지음

즐거움과 깨달음, 감동이 있는 교육 문화를 창조한다는 사명으로 우리나라의 수학, 과학 영재교육을 주도하면서
창의 영재수학과 창의 영재과학 교재 및 프로그램을 개발했습니다. 구성주의 이론에 입각한 교수학습 이론과
창의성 이론 및 선진 교육 이론 연구 등에도 전념하고 있습니다. 국내 최고의 사설 영재교육 기관인 와이즈만 영재교육에
교육 콘텐츠를 제공하고 교사 교육을 담당하고 있습니다. 이 책을 책임 집필하신 분은 염지수 선생님입니다.

# 처음 시작하는 초등 사고력 수학

# 1학년에는 즐깨감 수학: 규칙성과 문제해결

**1판 1쇄 발행** 2012년 7월 10일 **개정증보판 1판 1쇄 발행** 2025년 12월 30일

글 와이즈만 영재교육연구소 | **그림** 유현진 | **발행처** 와이즈만 BOOKs | **발행인** 염만숙
**출판사업본부장** 김현정 | **편집** 김예지 양다운 이지웅
**디자인** 디자인제이
**편집진행** 마이퍼스트스파크
**마케팅** 강윤현 장하라

**출판등록** 1998년 7월 23일 제1998-000170
**제조국** 대한민국 | **사용 연령** 6세 이상
**주소** 서울특별시 서초구 남부순환로 2219 나노빌딩 5층
**전화** 마케팅 02-2033-8987 편집 02-2033-8928
**팩스** 02-3474-1411
**전자우편** books@askwhy.co.kr
**홈페이지** mindalive.co.kr

# 추천사

새로운 교육 과정은 미래 사회에 대비한 창의력과 인성을 키우는 것을 목표로 하고 있습니다. 따라서 단순 암기해야 하는 내용은 대폭 줄고, 프로젝트 학습이나 토의 토론식 수업 중심이 됩니다. 또한 각 과목 간 융합을 통한 '창의적 융합인새 육성' 이른바 'STEAM'교육이 강조되고 있습니다. 특히 수학은 논리력과 문제 해결 과정 중심으로 개편되고 있습니다. 이제까지의 단순 암기식 학습이 아니라 스스로 개념과 원리를 이해하고 탐구할 수 있는 근본적인 학습 태도와 학습 동기를 변화시키고자 하는 의지를 담고 있는 것입니다.

　이러한 새로운 교육 방향이 저희 와이즈만 영재교육에게는 전혀 낯설지 않습니다. 와이즈만에서는 오래전부터 창의적인 인재를 양성하기 위해 구성주의 이론을 적용한 창의사고력 수학을 가르쳐왔기 때문입니다. 이번 '즐깨감 초등 수학 시리즈'에서도 와이즈만 영재교육이 오랫동안 쌓아온 경험과 성과가 잘 녹아 있습니다.

　'즐깨감 초등 수학 시리즈'는 생활 속에서 접하는 상황이나 퍼즐, 게임 등과 같이 다양한 소재를 이용해 학생들이 수학에 대한 거부감 없이 쉽게 접근할 수 있도록 했습니다. 학생들은 본 교재를 통해 재미있는 수학을 접하고 원리를 이해하는 습관을 기르면서 수학에 대해 유연하게 사고하는 방법을 익힐 수 있습니다. 무엇보다도 '수와 연산' '도형' '규칙성과 문제해결' '측정·확률과 통계' 같은 다양한 영역에서 집중적으로 실력을 다져 모든 영역에서 수학적 능력을 발휘할 수 있습니다.

　와이즈만 영재교육 연구소는 수학을 처음 접하는 아이들이 수학 문제를 푸는 동안 즐거움과 깨달음을 얻고, 감동을 품을 수 있기를 간절히 기원합니다.

와이즈만영재교육연구소 소장
**이미경**

응용편
실력편
입학 준비편
과학창의력
즐깨감 초등 수학은 개정 교육과정에 따라 〈수와 연산〉, 〈도형〉, 〈규칙성과 문제해결〉, 〈측정·확률과 통계〉의 네 영역으로 커리큘럼을 설계하였습니다.

# 이 책의 구성과 활용

## STEP 1

## 생각이 자라는

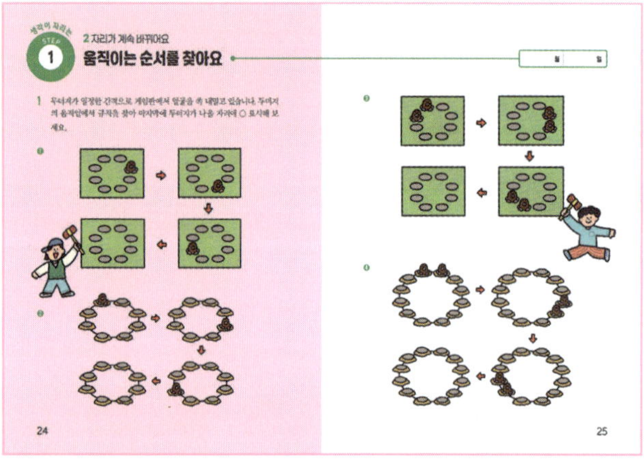

수학의 개념과 원리를 익히는 활동입니다. 생활 속 소재나 이야기를 통해 흥미를 불러일으키며, 개념별로 다양한 유형의 문제를 풀면서 기초를 튼튼히 다질 수 있습니다. 난이도 하, 중하 수준의 문제로 구성되었습니다.

## STEP 2

## 응용력이 커지는

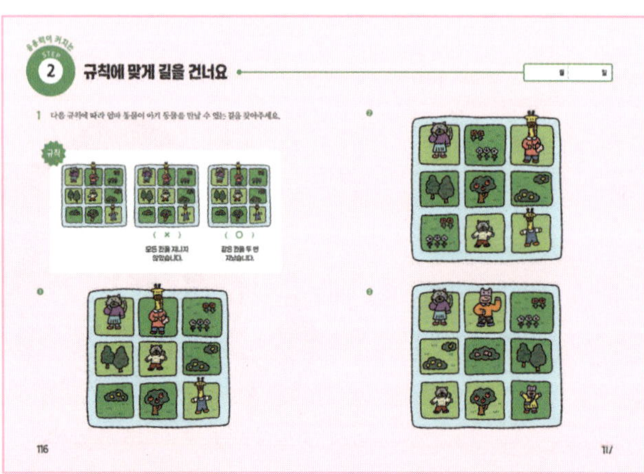

1단계에서 개념을 이해한 다음, 실제로 적용하고 응용해 보는 활동입니다. 기본적인 개념 확인 문제를 비롯해 이해력, 계산력, 논리력, 문제 해결력 등을 기를 수 있는 문제로 구성했습니다. 난이도는 중, 중상 수준이며, 이 단계를 통해 수학적 사고의 폭을 확장할 수 있습니다.

# 창의력이 샘솟는

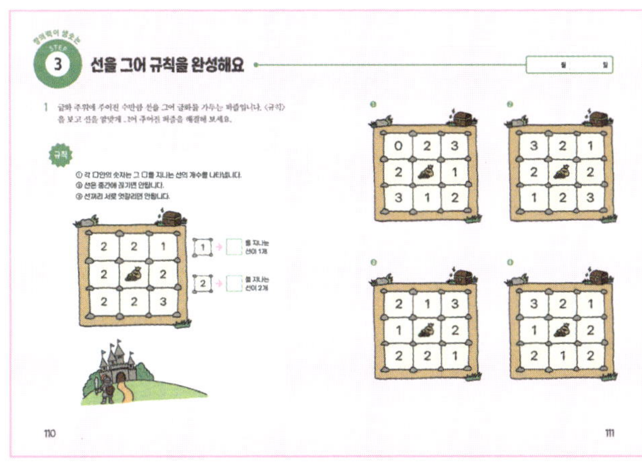

일반적인 유형에서 나아가 사고력과 창의력을 기르는 활동입니다. 퍼즐이나 미로 등을 활용한 사고력 문제, 여러 개념을 종합한 융복합 문제 등으로 구성했습니다. 난이도는 중, 중상 수준이며, 이 단계를 통해 수학적 추론 능력과 창의적 문제 해결력을 기를 수 있습니다.



# 답지를 확인해요

정답을 한눈에 알아볼 수 있도록 본문 위에 파란색으로 답을 표시하였습니다. 창의적인 아이들은 정답 외에도 다양한 답을 떠올립니다. 부모님이 판단하실 때, 아이의 답이 논리적이고 합당하다면 칭찬해 주세요. 또한, 정답이 아니더라도 열심히 노력한 자세나 문제 해결 과정을 격려한다면 수학에 자신감을 얻을 수 있습니다.

# 차례

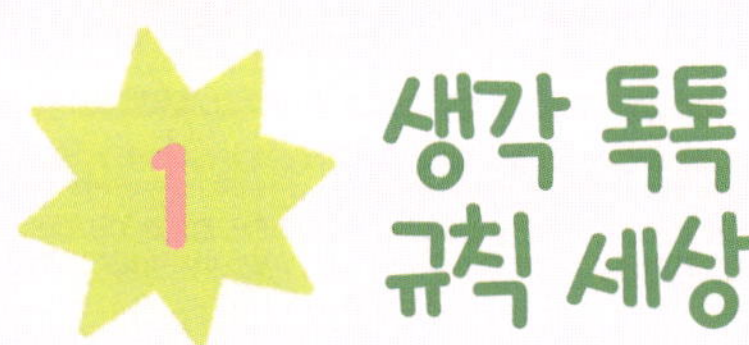

## 1 생각 톡톡 규칙 세상

# 2 생각 골똘 문제 해결

# 생각 톡톡
# 규칙 세상

# ① 무엇이 반복되나요?
# 반복되는 물건을 살펴요

**1** [보기]와 같이 반복되는 부분을 모두 찾아 ○표 해 보세요.

보기

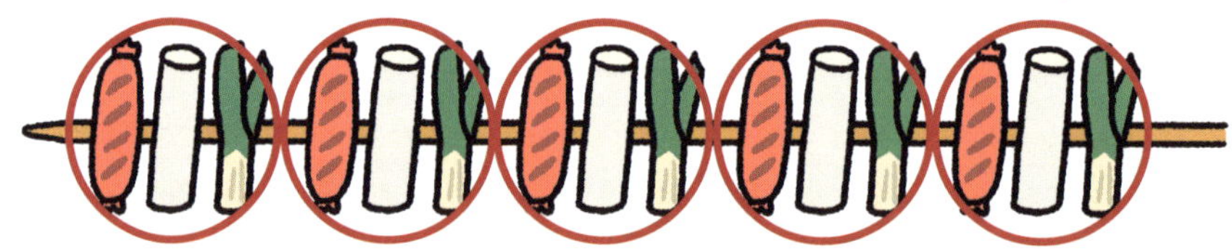

①

**❷**

**❸**

**❹**

**2** 규칙에 따라 테이프를 자르려고 합니다. 반복되는 부분을 모두 찾아 선을 그어 보세요.

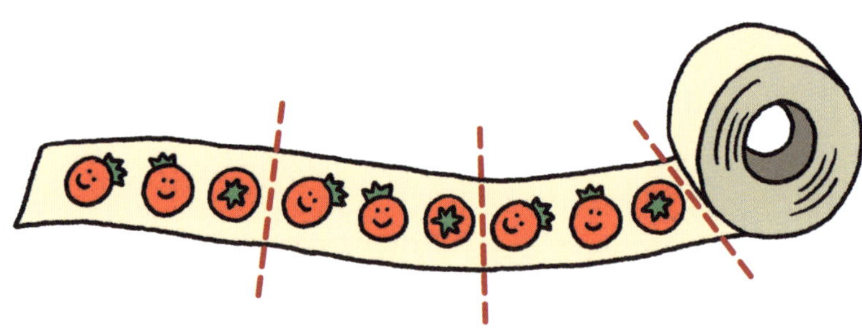

❶

| 월 | 일 |
|---|---|

**❷**

**❸**

**❹**

# 반복되는 무늬를 살펴요

**1** [보기]와 같이 알맞은 무늬 조각의 번호를 빈칸에 써 보세요.

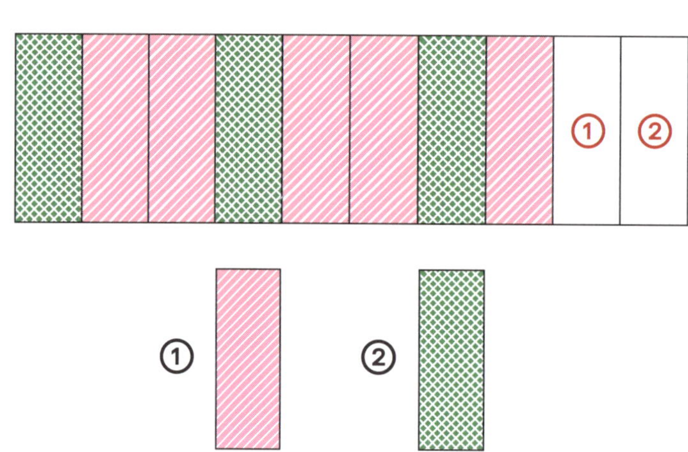

**1**

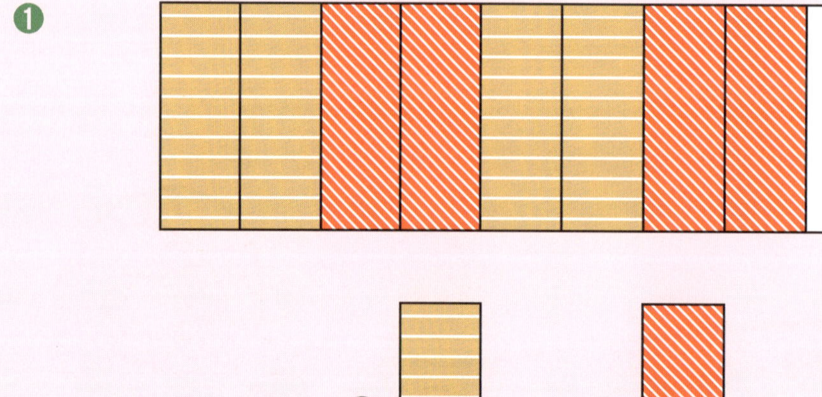

**②**

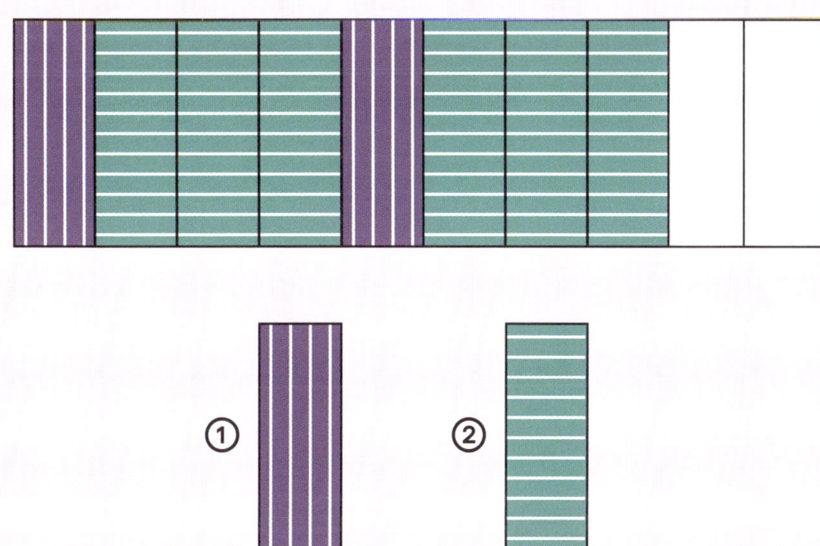

**③**

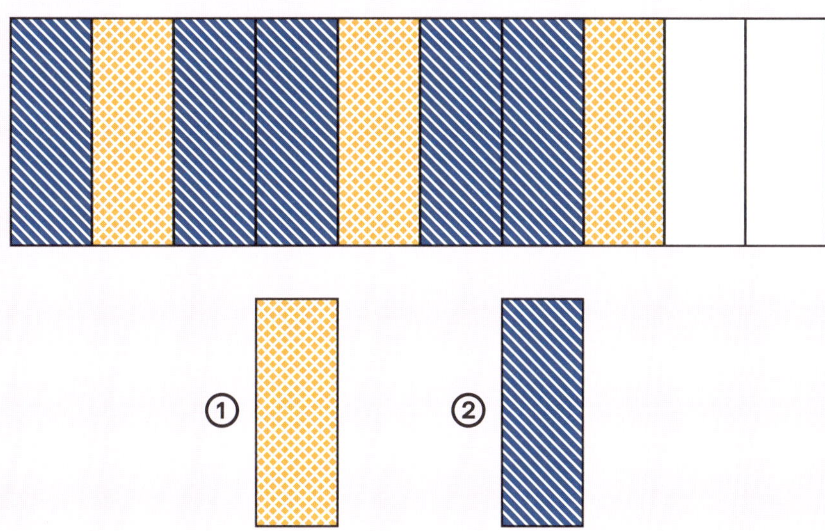

**2** 규칙에 따라 알맞은 색을 빈칸에 색칠해 보세요.

❶

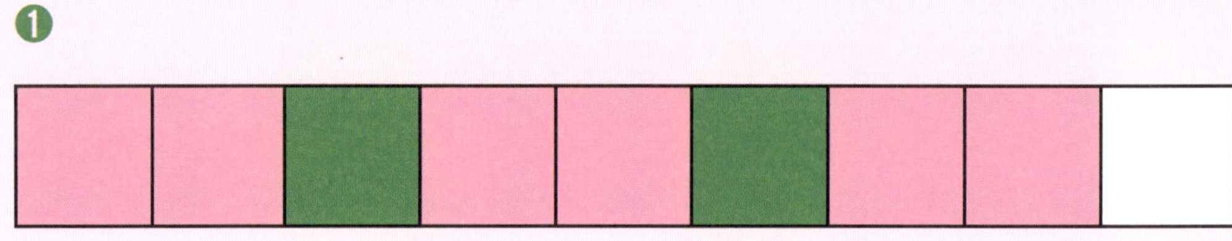

❷

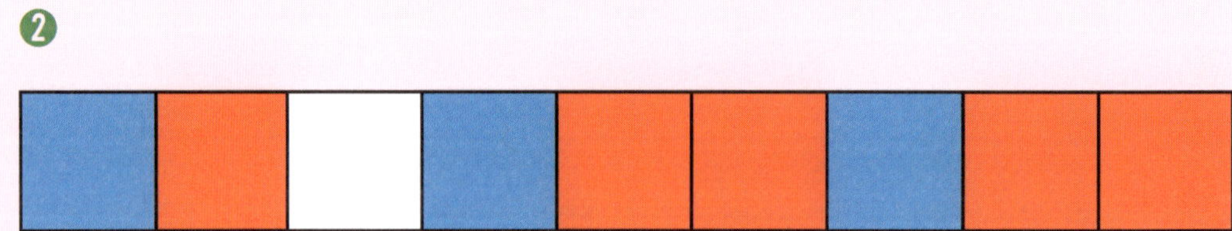

❸

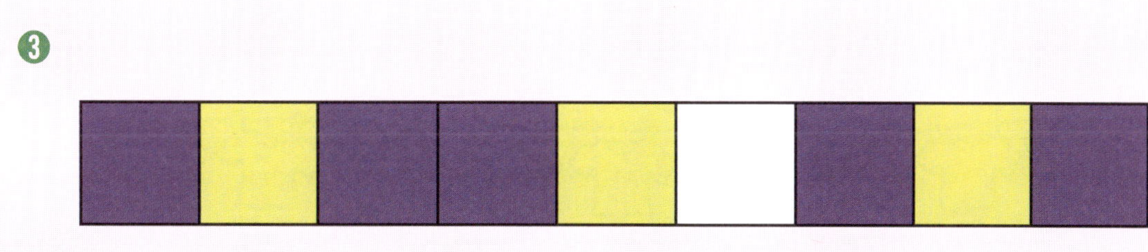

❹

**3** 규칙에 따라 옷을 빨랫줄에 널었습니다. 알맞은 옷의 번호를 빈칸에 써 보세요.

❶

❷

❸

❹

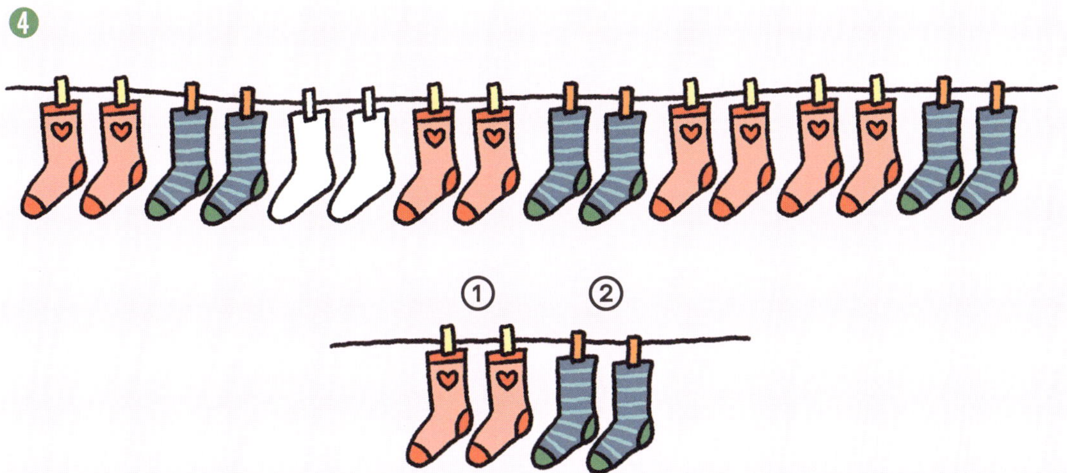

# 모양과 크기를 함께 살펴요

1   [보기]와 같이 구슬을 한 줄 잇기로 연결해 보세요. (단, 모양은 위, 아래,
양옆끼리 연결하며 한 번 연결했던 모양은 다시 연결할 수 없습니다.)

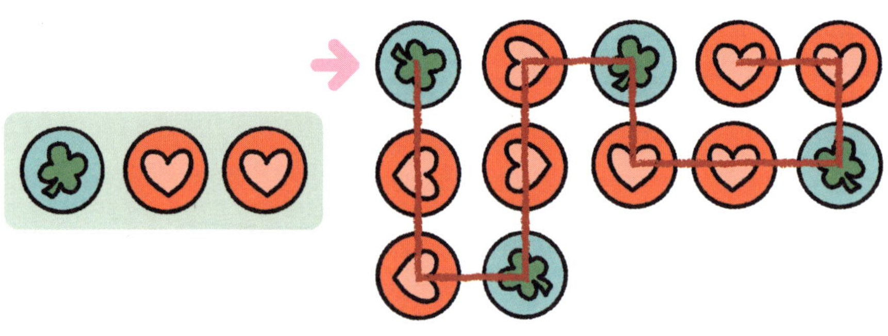

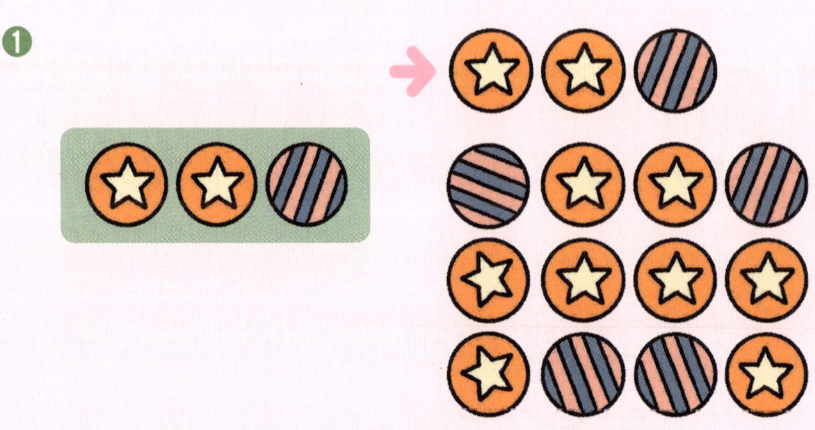

❷

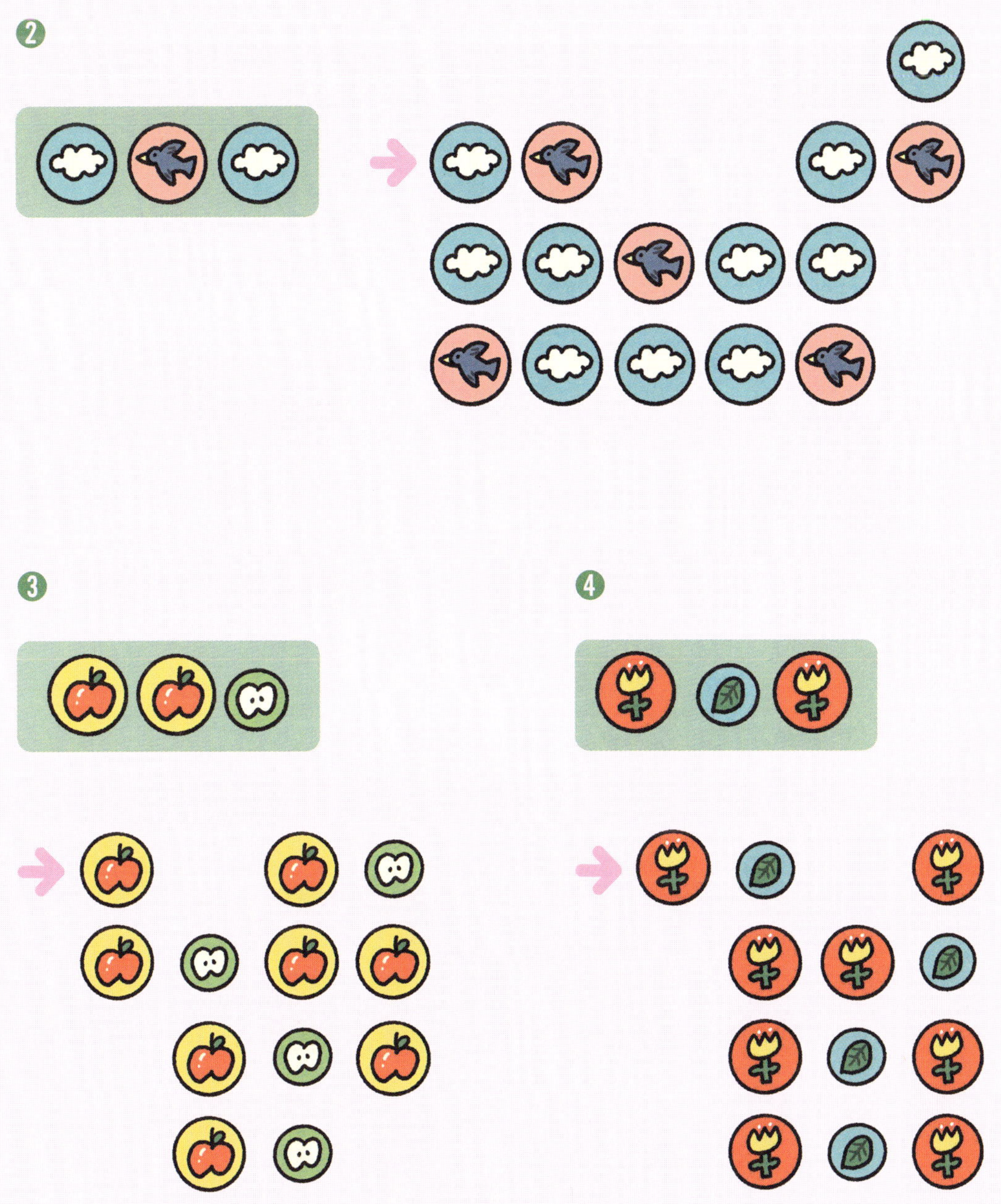

❸

❹

❷ 자리가 계속 바뀌어요

# 움직이는 순서를 찾아요

**1** [보기]와 같이 규칙에 따라 두더지가 움직이고 있습니다. 마지막으로 두더지가 나올 자리에 V표 해 보세요.

보기

❶

❷

❸

**2** 규칙에 따라 마지막으로 불이 들어오는 전구에 ○표 해 보세요.

❶

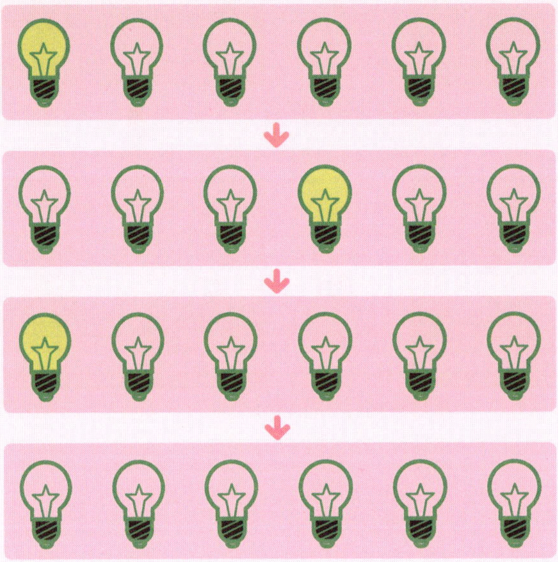

❷

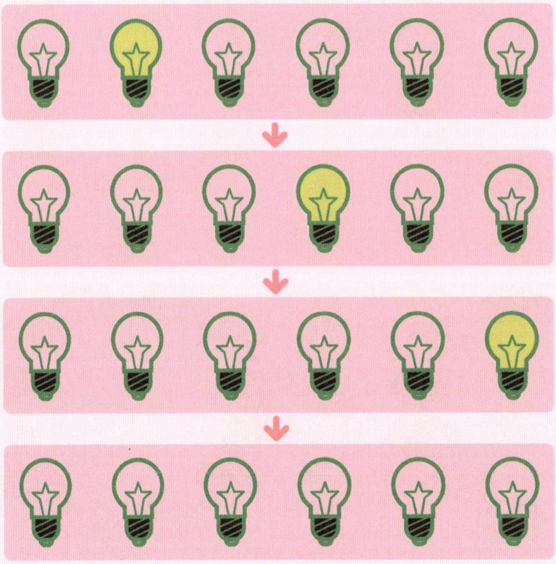

❸

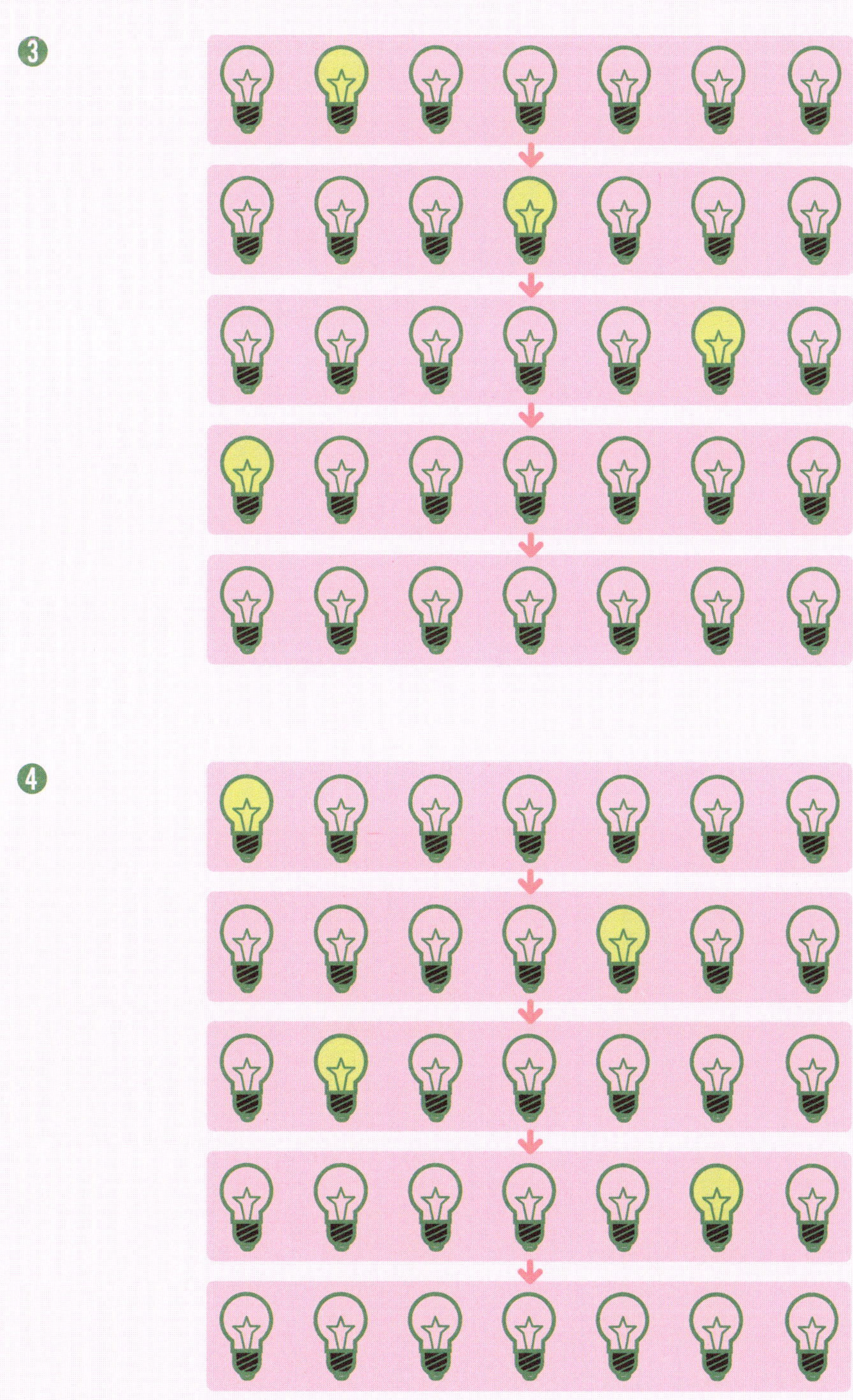

❹

# 움직이는 규칙을 찾아요

1 규칙에 따라 모양이 움직이고 있습니다. 마지막에는 각 모양이 어디에 있을지 그려 넣어 보세요.

❶

❷

❸

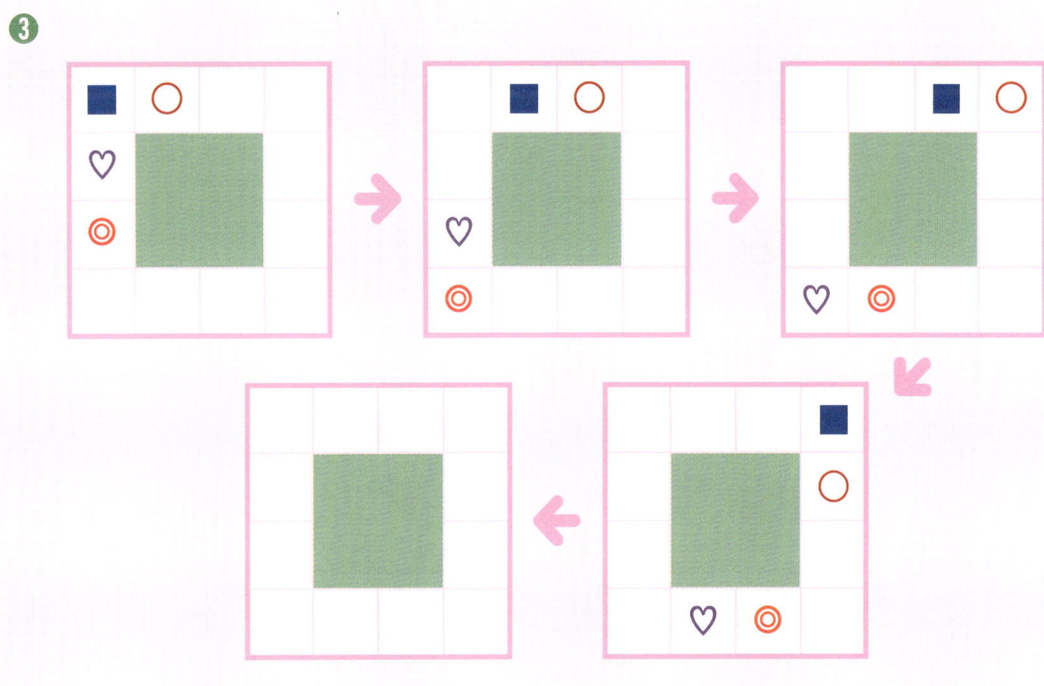

❹

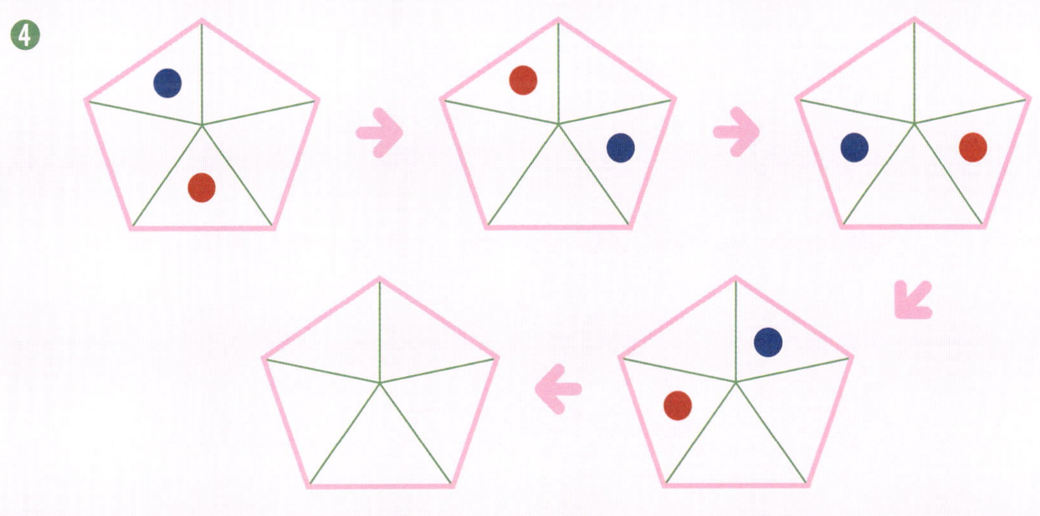

**2** 규칙에 따라 피에로가 자리 바꾸기를 하고 있습니다. 마지막에는 각 피에로가 어느 자리에 있을지 색칠해 보세요.

❶

❷

**❸**

**❹**

응용력이 커지는

STEP 2

**3** 규칙에 따라 숫자들이 이동하고 있습니다. 마지막에는 각 숫자들이 어디에 있을지 빈칸에 써 보세요.

❶

| | | | |
|---|---|---|---|
| 1 | 2 | 3 | 4 |
| 5 | 6 | 7 | 8 |
| 9 | 10 | 11 | 12 |
| 13 | 14 | 15 | 16 |

→

| | | | |
|---|---|---|---|
| 13 | 14 | 15 | 16 |
| 1 | 2 | 3 | 4 |
| 5 | 6 | 7 | 8 |
| 9 | 10 | 11 | 12 |

↓

| | | | |
|---|---|---|---|
| 9 | 10 | 11 | 12 |
| 13 | 14 | 15 | 16 |
| 1 | 2 | 3 | 4 |
| 5 | 6 | 7 | 8 |

←

| | | | |
|---|---|---|---|
| | | | |
| | | | |
| | | | |
| | | | |

❷

| | | | |
|---|---|---|---|
| 1 | 2 | 3 | 4 |
| 5 | 6 | 7 | 8 |
| 9 | 10 | 11 | 12 |
| 13 | 14 | 15 | 16 |

→

| | | | |
|---|---|---|---|
| 4 | 1 | 2 | 3 |
| 8 | 5 | 6 | 7 |
| 12 | 9 | 10 | 11 |
| 16 | 13 | 14 | 15 |

↓

| | | | |
|---|---|---|---|
| 3 | 4 | 1 | 2 |
| 7 | 8 | 5 | 6 |
| 11 | 12 | 9 | 10 |
| 15 | 16 | 13 | 14 |

←

| | | | |
|---|---|---|---|
| | | | |
| | | | |
| | | | |
| | | | |

**❸**

| 1 | 2 | 3 | 4 |
|---|---|---|---|
| 5 | 6 | 7 | 8 |
| 9 | 10 | 11 | 12 |
| 13 | 14 | 15 | 16 |

→

| 5 | 6 | 7 | 8 |
|---|---|---|---|
| 9 | 10 | 11 | 12 |
| 13 | 14 | 15 | 16 |
| 1 | 2 | 3 | 4 |

↓

| 9 | 10 | 11 | 12 |
|---|---|---|---|
| 13 | 14 | 15 | 16 |
| 1 | 2 | 3 | 4 |
| 5 | 6 | 7 | 8 |

←

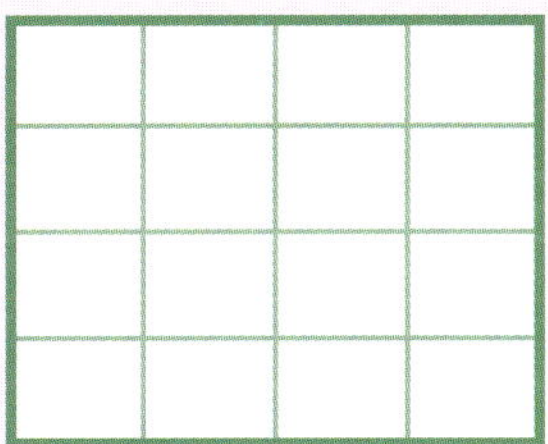

**❹**

| 5 | 6 | 7 | 8 |
|---|---|---|---|
| 9 | 10 | 11 | 12 |
| 13 | 14 | 15 | 16 |
| 17 | 18 | 19 | 20 |

→

| 6 | 7 | 8 | 5 |
|---|---|---|---|
| 10 | 11 | 12 | 9 |
| 14 | 15 | 16 | 13 |
| 18 | 19 | 20 | 17 |

↓

| 7 | 8 | 5 | 6 |
|---|---|---|---|
| 11 | 12 | 9 | 10 |
| 15 | 16 | 13 | 14 |
| 19 | 20 | 17 | 18 |

←

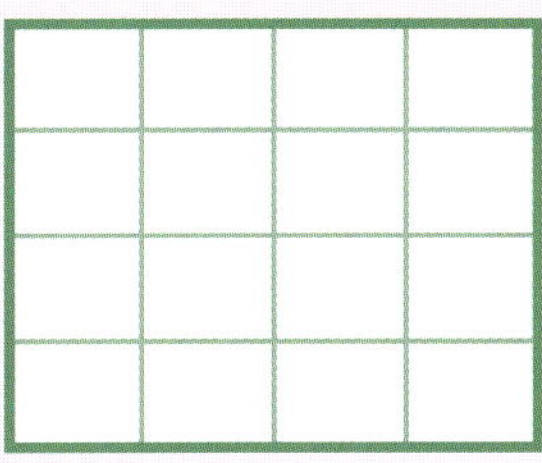

창의력이 샘솟는 STEP 3

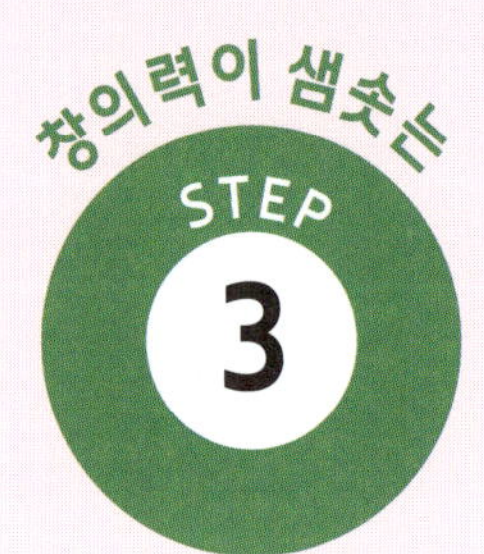

# 규칙에 맞게 색을 칠해요

1 규칙에 따라 색깔 조각이 움직이고 있습니다. 마지막에는 각 색깔 조각이 어디에 있을지 색칠해 보세요.

❶

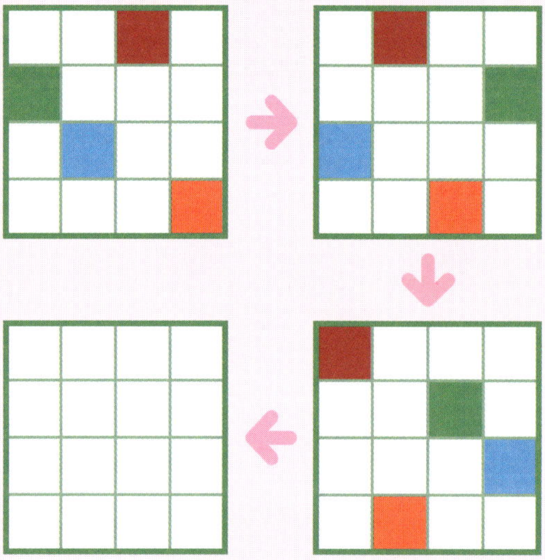

❷

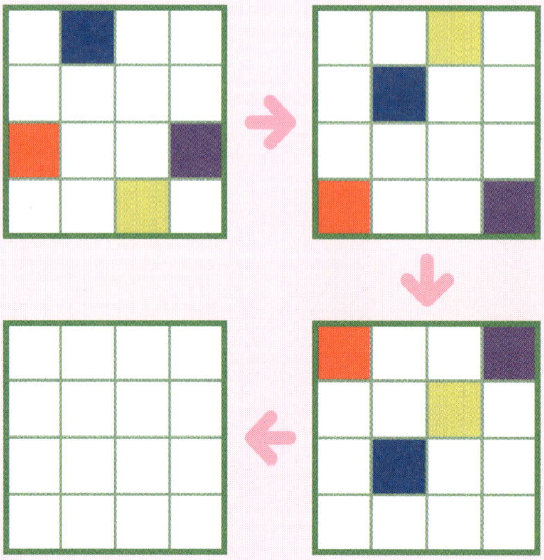

❸

❹

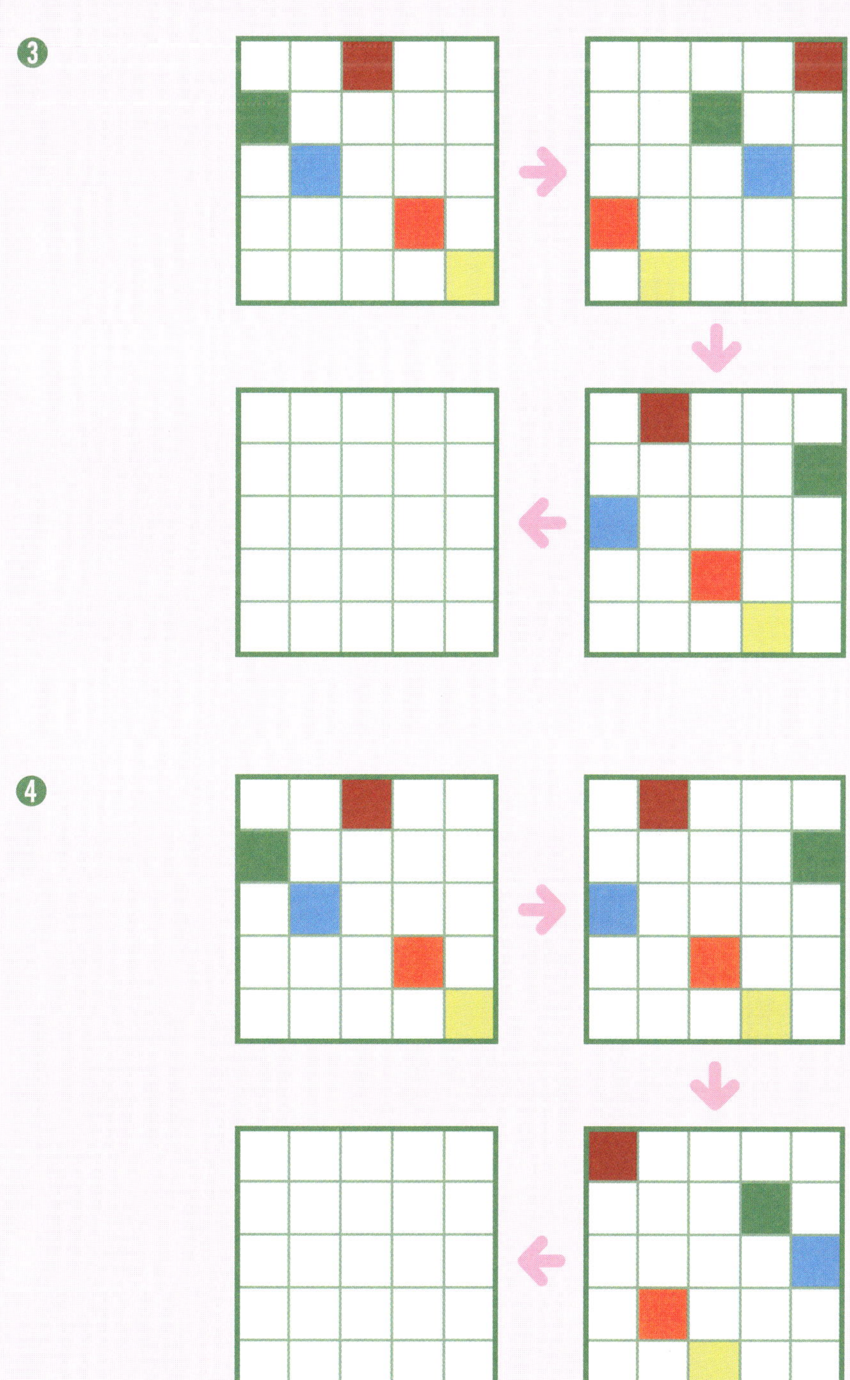

## ❸ 늘거나 줄거나
# 늘어날까 줄어들까?

**1** [보기]와 같이 규칙에 따라 넷째 날에 먹을 초콜릿에 ○표 해 보세요.

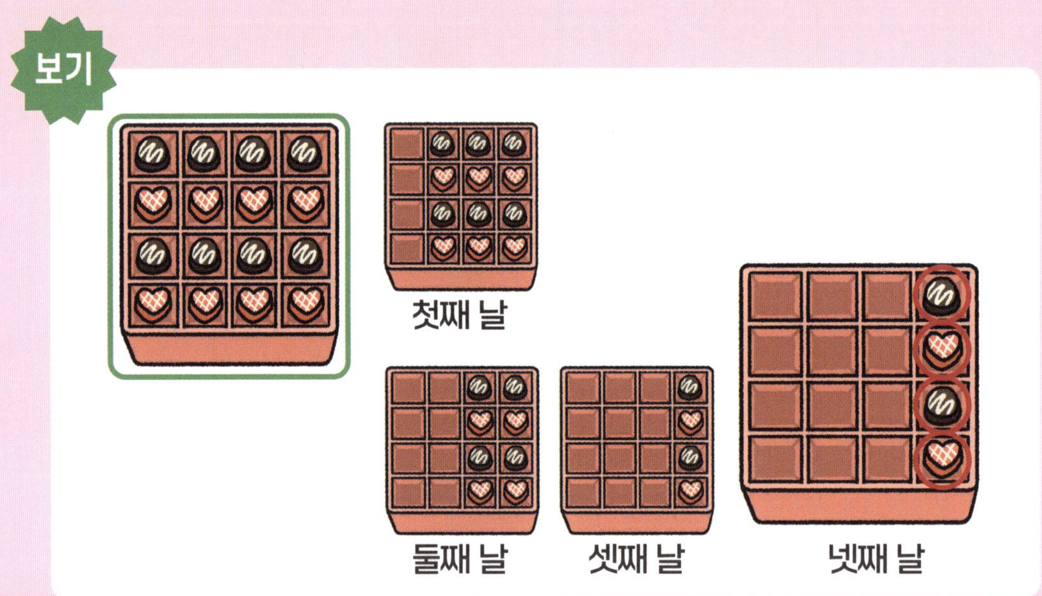



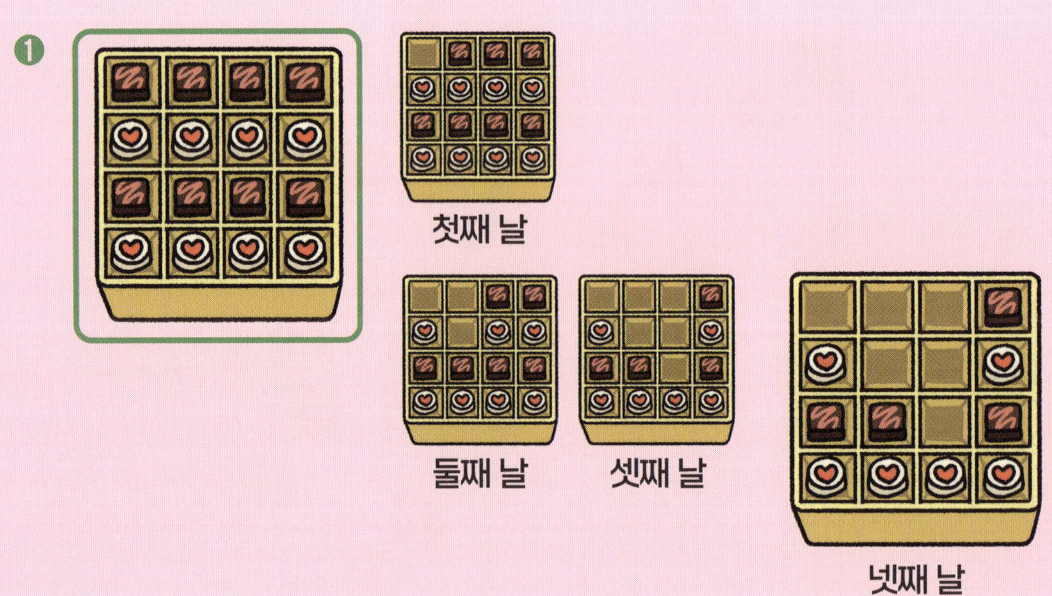

❷

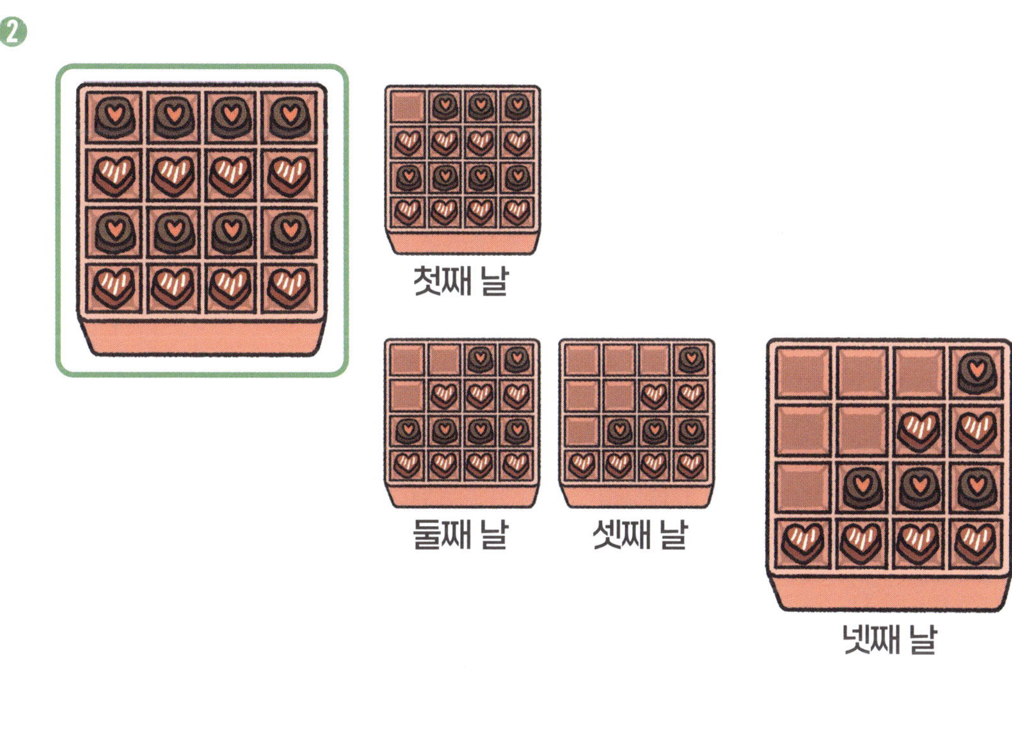



❸

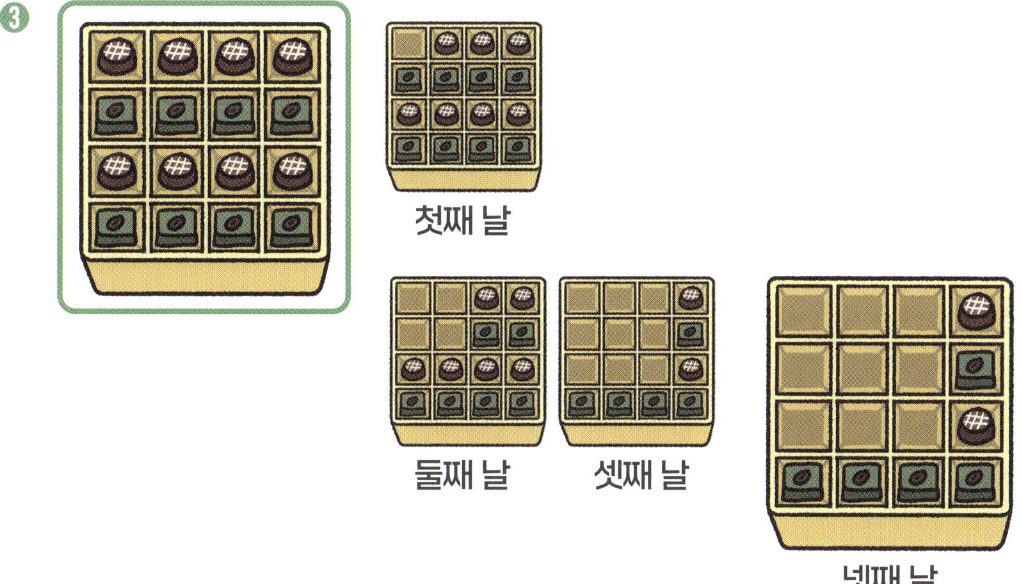

생각이 자라는 STEP 1

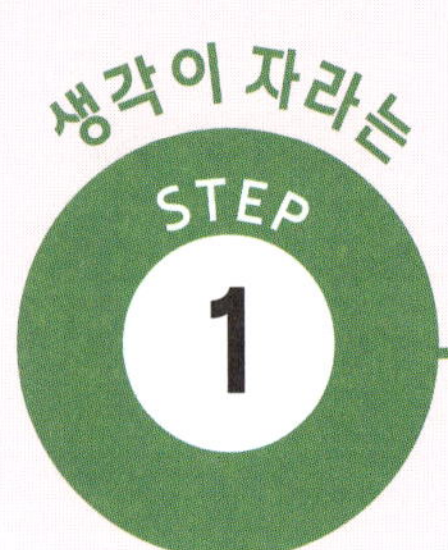

**2** 규칙에 따라 다섯째를 쌓으려면 쌓기나무가 몇 개 필요할지 빈칸에 써 보세요.

❶

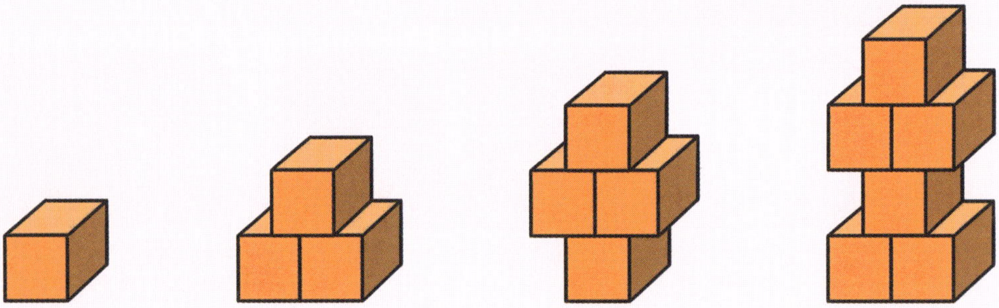

첫째
둘째
셋째
넷째


쌓기나무 [ ] 개

❷

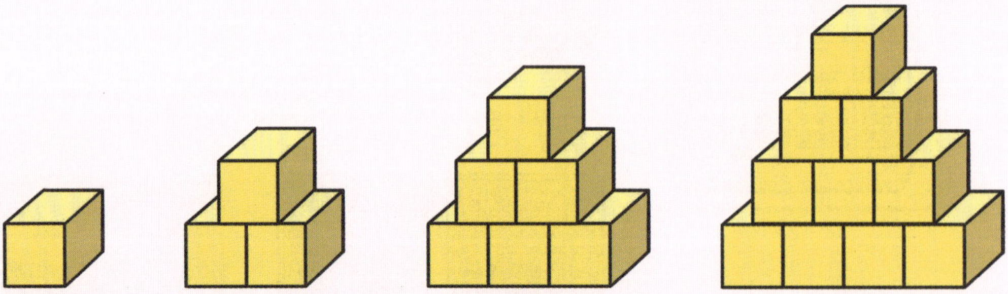

첫째
둘째
셋째
넷째


쌓기나무 [ ] 개

**❸**

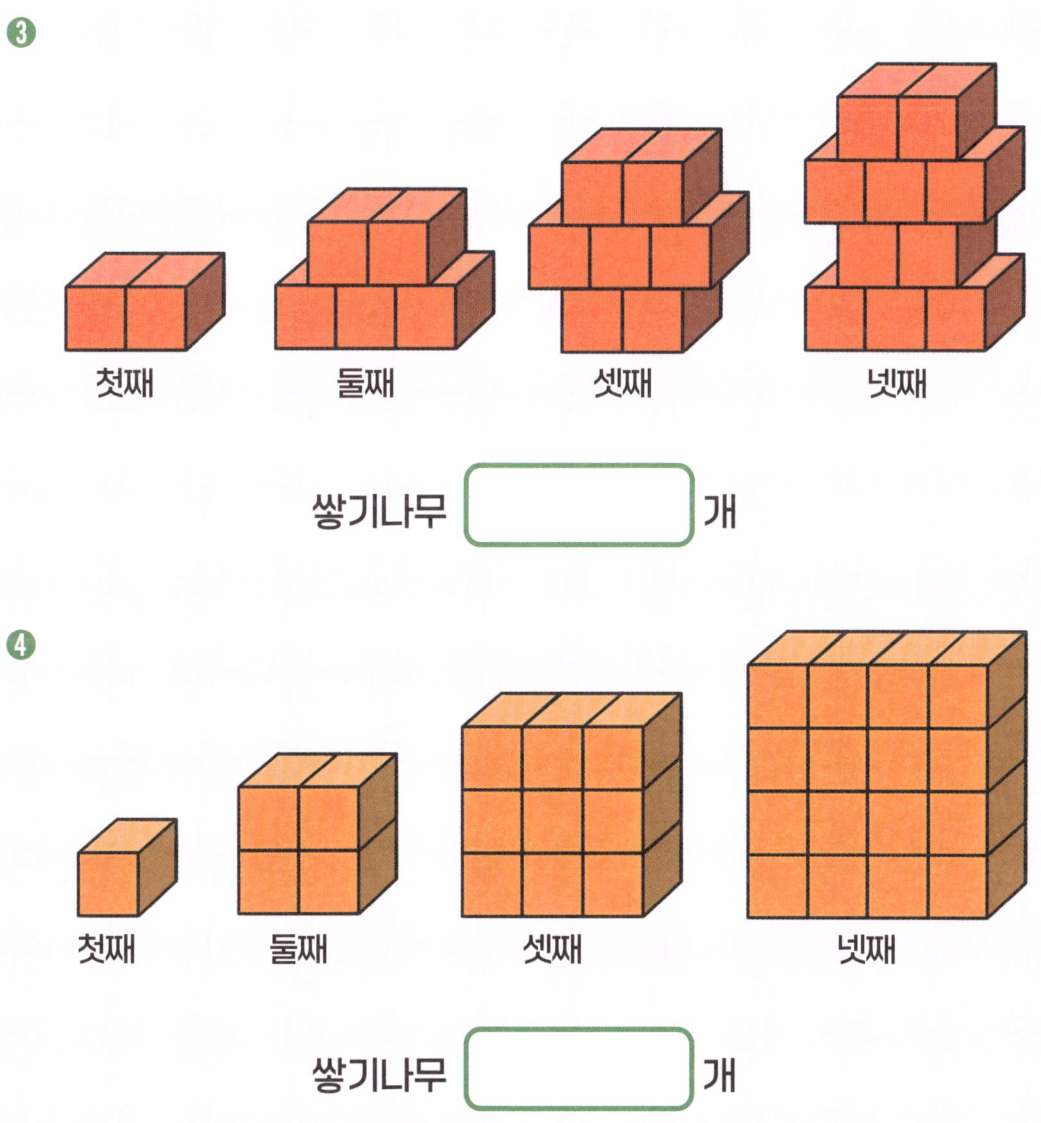


쌓기나무 [　　　]개

**❹**



쌓기나무 [　　　]개

# 몇 개씩 늘거나 줄어들까?

**1** 희수는 규칙에 따라 모양을 만들고 있습니다.

**❶** 빈칸에 알맞은 모양을 그리고 나무 막대가 몇 개 필요한지 구하세요.

|  | 첫째 | 둘째 | 셋째 | 넷째 |
| --- | --- | --- | --- | --- |
| 나무 막대 개수 | 3 | 5 | 7 |  |

**❷** ❶에서 찾은 규칙을 다음과 같이 글로 나타내었습니다. 빈칸에 알맞은 수를 써 보세요.

첫째에는 3개, 둘째에는 5개, 셋째에는 7개,

넷째에는 (　　　　)개 나무 막대가 놓인다.

놓이는 나무 막대가 (　　　　)개씩 늘어난다는

규칙을 찾을 수 있다.

❸ 빈칸에 알맞은 모양을 그리고 나무 막대가 몇 개 필요한지 구하세요.

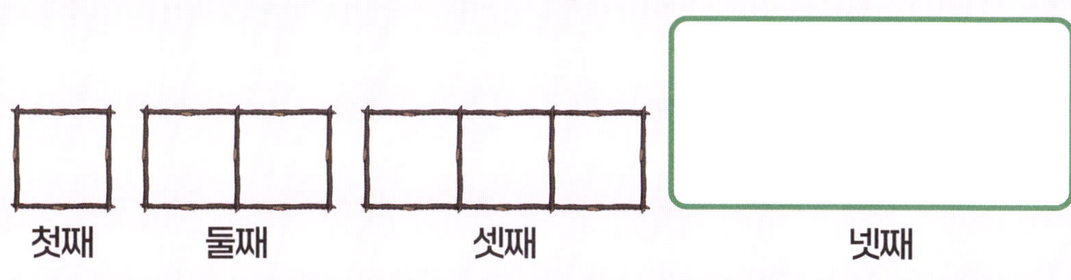


|  | 첫째 | 둘째 | 셋째 | 넷째 |
|---|---|---|---|---|
| 나무 막대 개수 | 4 | 7 | 10 |  |

❹ ❸에서 찾은 규칙을 다음과 같이 글로 나타내었습니다. 빈칸에 알맞은 수를 써 보세요.

첫째에는 4개, 둘째에는 7개, 셋째에는 10개,

넷째에는 (          )개 나무 막대가 놓인다.

놓이는 나무 막대가 (          )개씩 늘어난다는

규칙을 찾을 수 있다.

41

2 △모양 패턴 블록을 이용해 큰 세모를 만들었습니다. 패턴 블록이 줄어드는 규칙을 찾아 보세요.

❶ 넷째에 가져간 패턴 블록의 개수는 몇 개인지 구하고, 가져간 후 남은 모양도 그려 보세요.

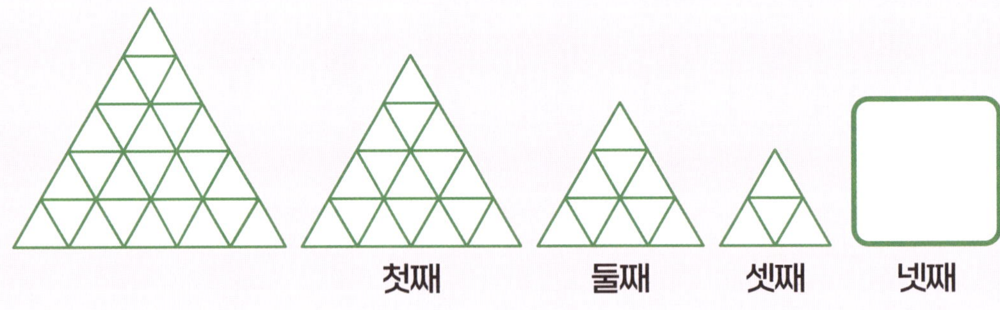


| | 첫째 | 둘째 | 셋째 | 넷째 |
|---|---|---|---|---|
| 가져간 패턴 블록의 개수 | 9 | 7 | 5 | |

❷ 가져간 패턴 블록의 개수에서 찾은 규칙을 다음과 같이 글로 나타내었습니다. 빈칸에 알맞은 수를 써 보세요.

**3** ☐ 모양 패턴 블록을 이용해 큰 네모를 만들었습니다. 패턴 블록이 줄어 드는 규칙을 찾아 보세요.

**❶** 넷째에 가져간 패턴 블록의 개수는 몇 개인지 구하고, 가져간 후 남은 모양 도 그려 보세요.

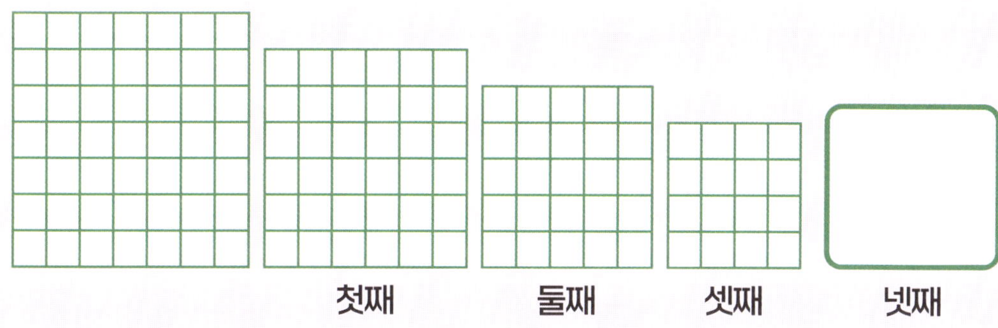


| | 첫째 | 둘째 | 셋째 | 넷째 |
| --- | --- | --- | --- | --- |
| 가져간 패턴 블록의 개수 | 13 | 11 | 9 | |

**❷** 가져간 패턴 블록의 개수에서 찾은 규칙을 다음과 같이 글로 나타내었습니다. 빈칸에 알맞은 수를 써 보세요.

43

**4** 꿀벌이 벌집에서 차례로 날아가고 있습니다. 규칙에 따라 빈칸에 알맞은 수를 써 보세요.

❶ 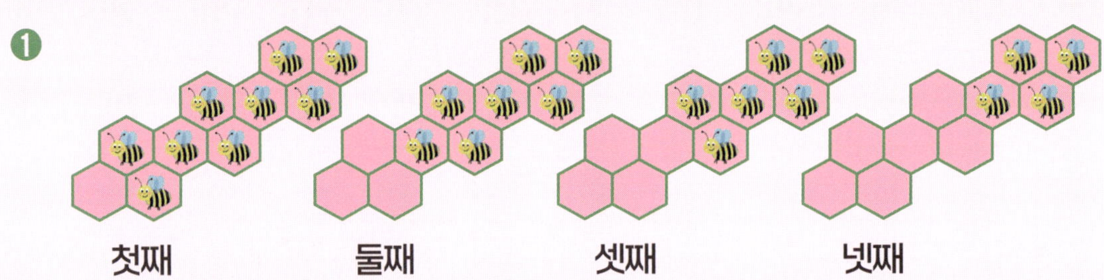

첫째     둘째     셋째     넷째

| | 첫째 | 둘째 | 셋째 | 넷째 | 다섯째 |
|---|---|---|---|---|---|
| 빈 벌집(칸) | 1 | 3 | 4 | 6 | |
| 남은 꿀벌(마리) | 9 | 7 | 6 | 4 | |

❷ 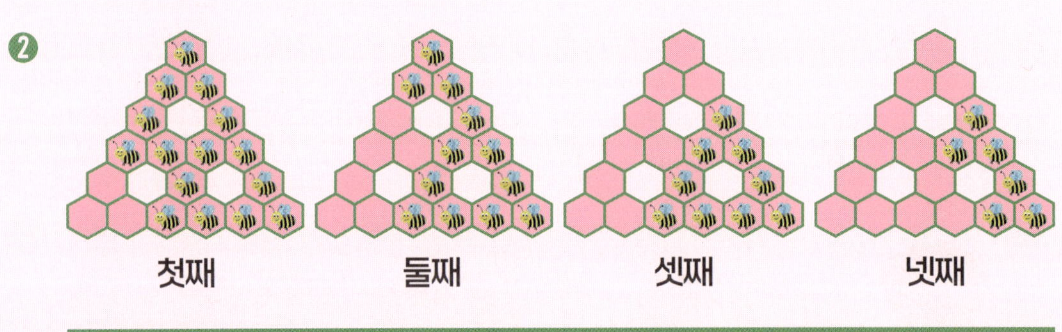

첫째     둘째     셋째     넷째

| | 첫째 | 둘째 | 셋째 | 넷째 | 다섯째 |
|---|---|---|---|---|---|
| 빈 벌집(칸) | 3 | 6 | 9 | 12 | |
| 남은 꿀벌(마리) | 15 | 12 | 9 | 6 | |

❸

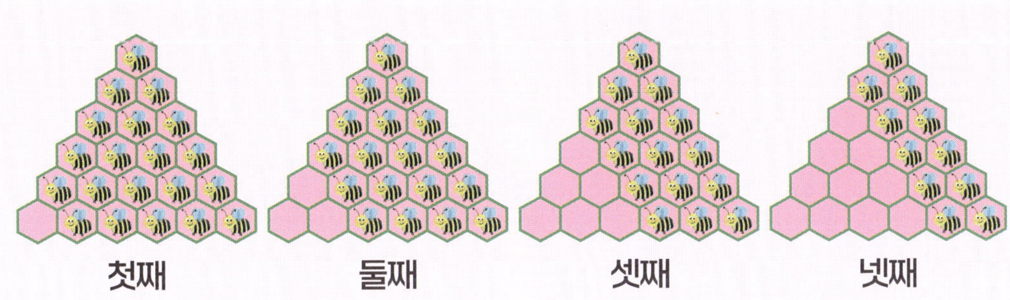



|  | 첫째 | 둘째 | 셋째 | 넷째 | 다섯째 |
|---|---|---|---|---|---|
| 빈 벌집(칸) | 1 | 3 | 6 | 10 |  |
| 남은 꿀벌(마리) | 20 | 18 | 15 | 11 |  |

❹

|  | 첫째 | 둘째 | 셋째 | 넷째 | 다섯째 |
|---|---|---|---|---|---|
| 빈 벌집(칸) | 1 | 4 | 9 | 16 |  |
| 남은 꿀벌(마리) | 35 | 32 | 27 | 20 |  |

# 어떤 모양이 되어 갈까?

1 △ 모양 패턴 블록으로 만든 마름모꼴을 ▱ 모양 패턴 블록으로 채워 가고 있습니다. 표의 빈칸에 알맞은 수를 써 보세요.

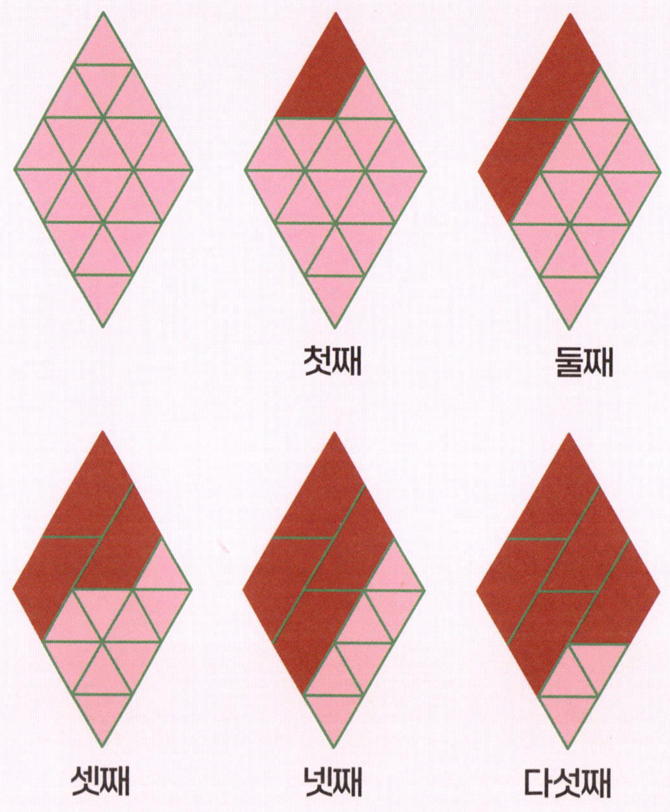



| | 첫째 | 둘째 | 셋째 | 넷째 | 다섯째 |
|---|---|---|---|---|---|
| △ 모양 패턴 블록의 개수 | 15 | 12 | 9 | | |
| ▱ 모양 패턴 블록의 개수 | 1 | 2 | 3 | | |

**2** ▲ 모양 패턴 블록으로 만든 평행사변형을 ◆ 모양 패턴 블록으로 채워 가고 있습니다. 표의 빈칸에 알맞은 수를 써 보세요.

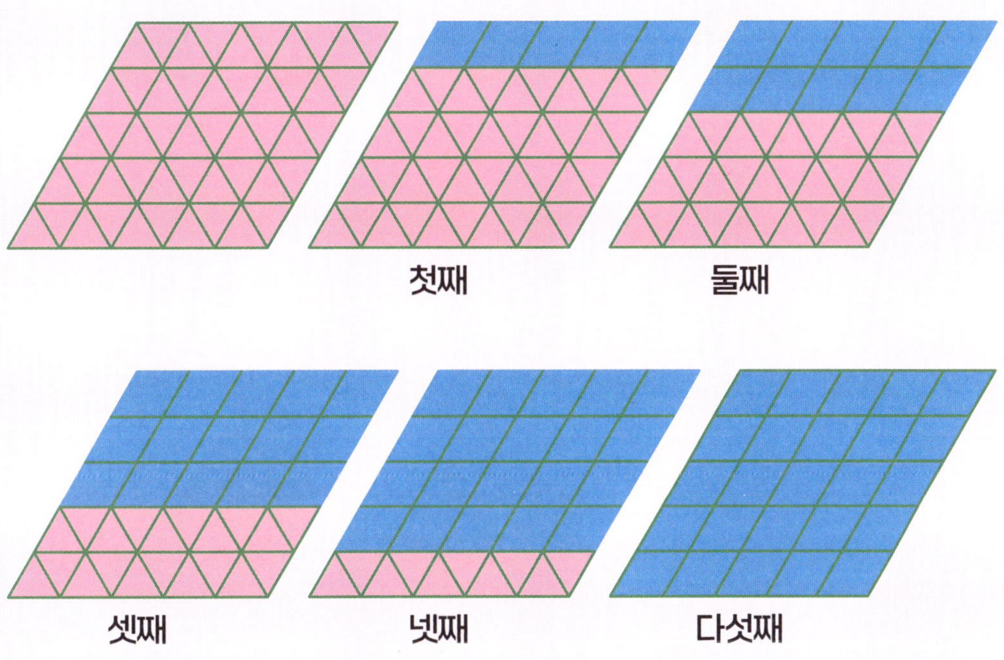



| | 첫째 | 둘째 | 셋째 | 넷째 | 다섯째 |
| --- | --- | --- | --- | --- | --- |
| ▲ 모양<br>패턴 블록의 개수 | 40 | 30 | 20 | | |
| ◆ 모양<br>패턴 블록의 개수 | 5 | 10 | 15 | | |

**❹ 여러 규칙이 섞여 있어요**

# 규칙에 따라 제자리에 놓아요

**1** 규칙에 따라 바둑돌을 놓고 있습니다. 5단계에서 바둑돌을 어떻게 놓을지 색칠해 보세요.

**❶**



**❷**

❸ 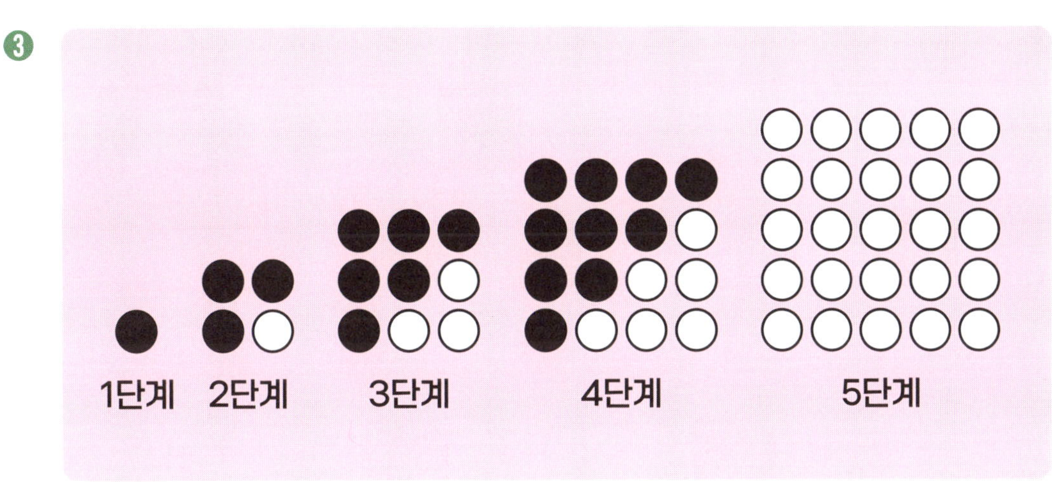


❹ 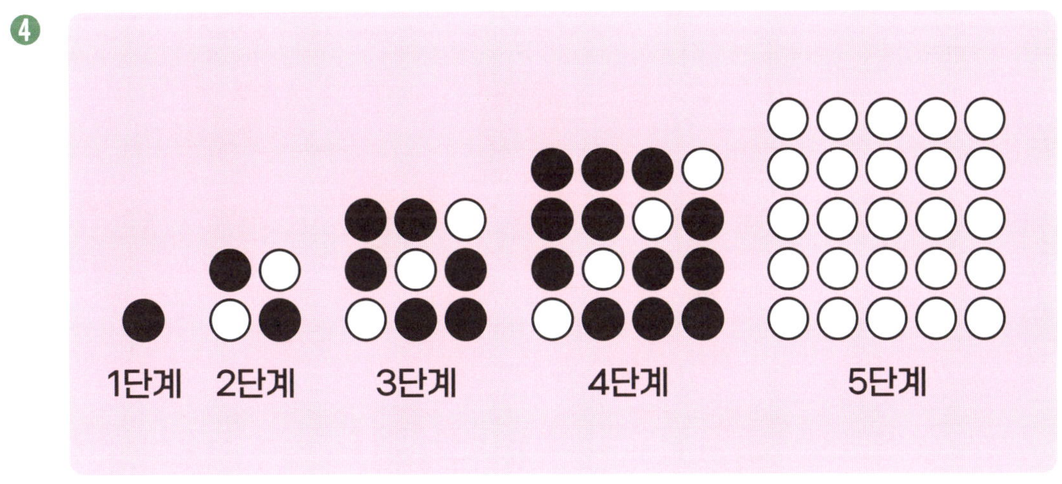

**2** 규칙에 따라 5단계에 올 모양에는 몇 개의 쌓기나무가 필요할지 빈칸에
써 보세요.

**❶**

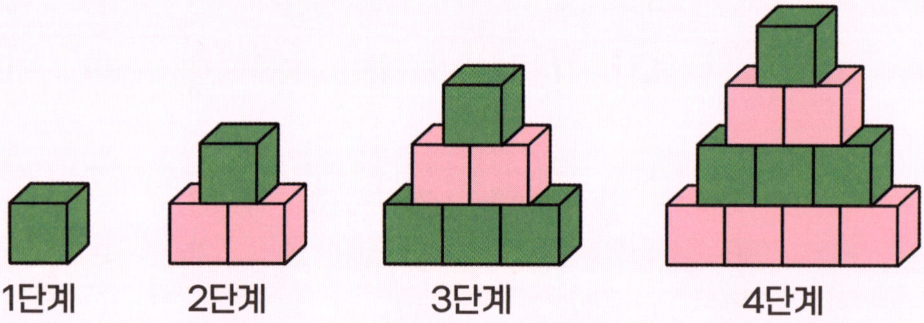

1단계　　2단계　　3단계　　4단계

5단계　🟩 ⬜ 개　🟥 ⬜ 개

**❷**

1단계　　2단계　　3단계　　4단계

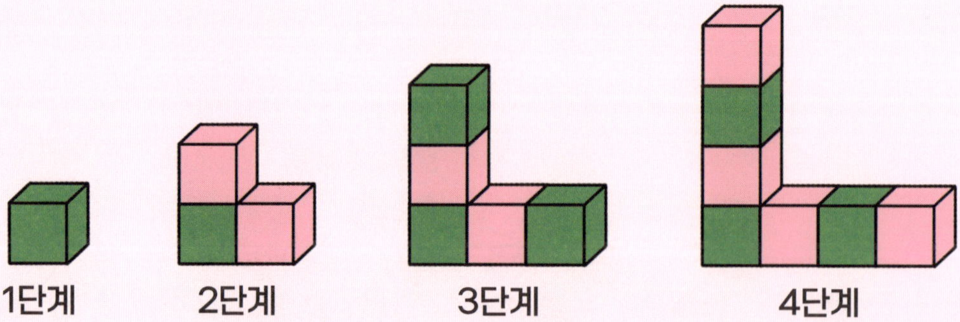

5단계　🟩 ⬜ 개　🟥 ⬜ 개

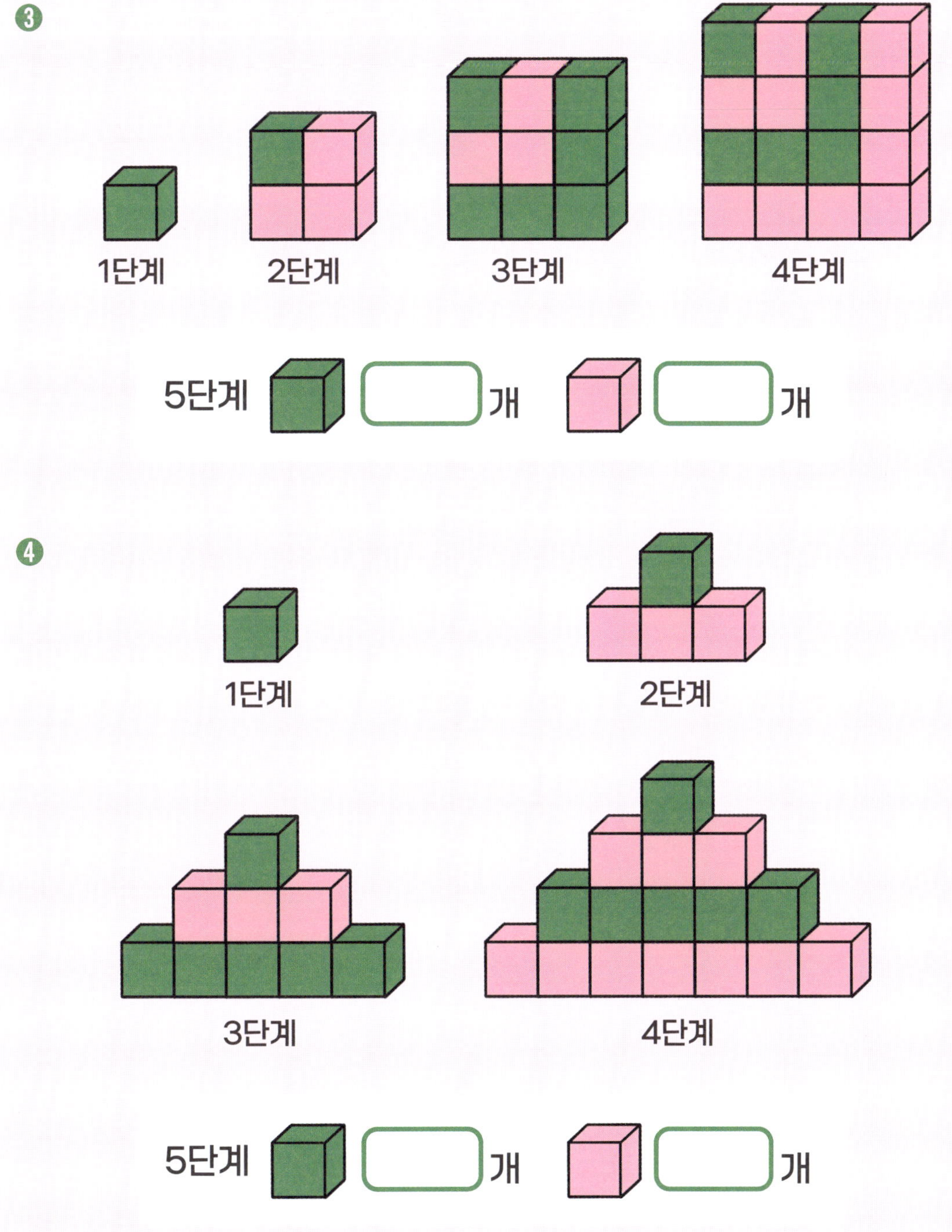


3

1단계
2단계
3단계
4단계

5단계
개
개

4

1단계
2단계

3단계
4단계

5단계
개
개

# 규칙을 말로 설명해요

**1** 다음 호텔 창문에서 규칙을 찾아 문제를 해결해 보세요.

❶ 불 켜진 창문 █은 ○로, 불 꺼진 창문 █은 ●로 나타냅니다. 규칙에 따라 빈칸에 ○, ●를 써 보세요.

| | | | | | | | | | | | |
|---|---|---|---|---|---|---|---|---|---|---|---|
| **2층** | ○ | ● | | | | | | | | | |
| **1층** | ○ | ○ | | | | | | | | | |

❷ 찾은 규칙을 다음과 같이 글로 나타내었습니다. 빈칸에 알맞은 수를 써 보세요.

**2** 검은색, 흰색 바둑알을 서로 다른 규칙에 따라 모양판에 놓고 있습니다.

**❶** 각 규칙에 따라 마지막에 놓일 자리를 찾아 표시해 보세요.

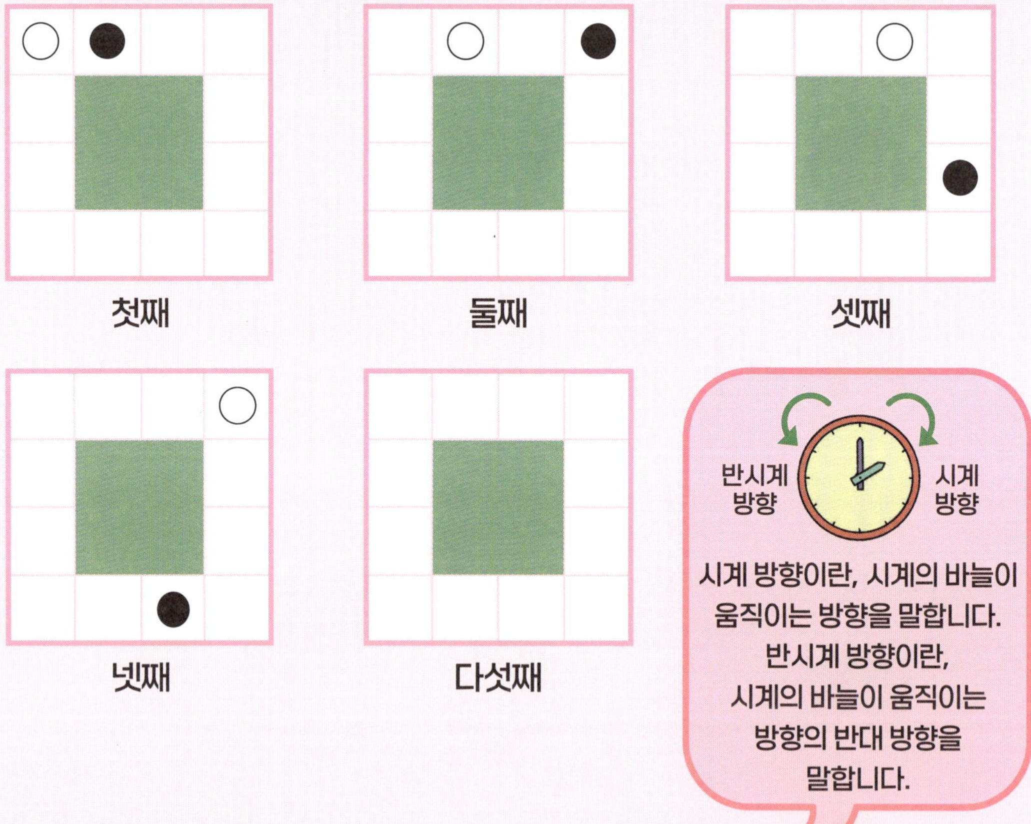


**❷** ❶에서 찾은 규칙을 다음과 같이 글로 나타내었습니다. 빈칸에 알맞은 수를 써 보세요.

흰색 바둑알은 ⤵시계 방향으로 ( )칸씩 움직이고 있다.
검은색 바둑알은 ⤵시계 방향으로 ( )칸씩 움직이고 있다.

❸ 각 규칙에 따라 마지막에 놓일 자리를 찾아 표시해 보세요.

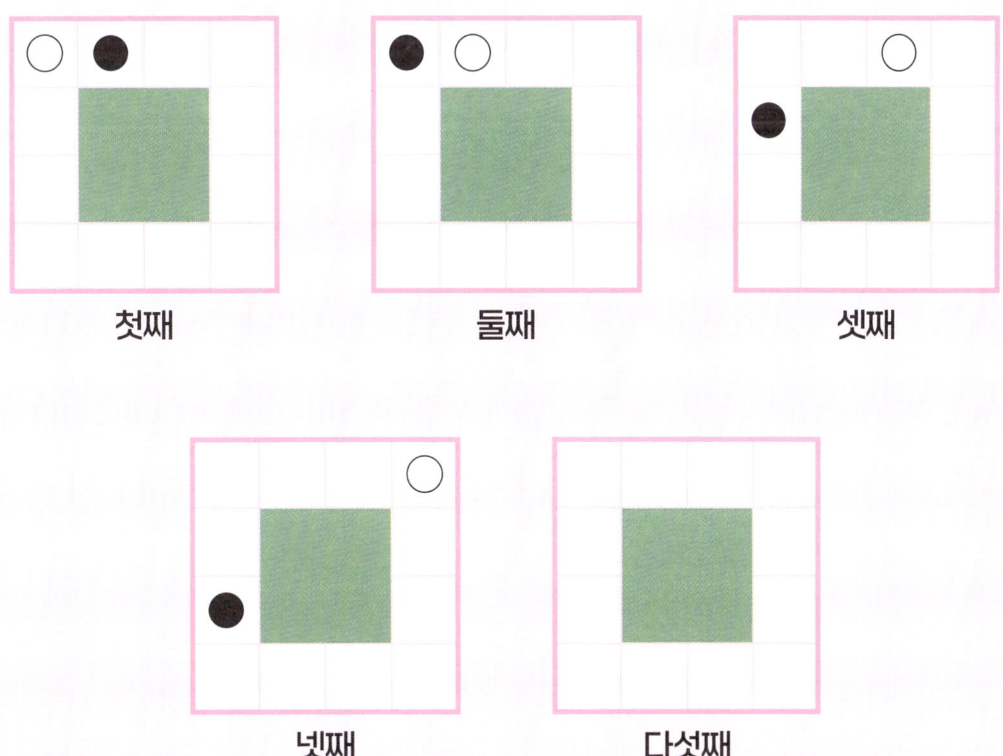

첫째   둘째   셋째

넷째   다섯째

❹ ❸에서 찾은 규칙을 다음과 같이 글로 나타내었습니다. 빈칸에 알맞은 수를 써 보세요.

흰색 바둑알은 ⟳시계 방향으로 (  )칸씩 움직이고 있다.
검은색 바둑알은 ⟲반시계 방향으로 (  )칸씩 움직이고 있다.

**3** [보기]와 같이 색깔 조각의 마지막 자리를 찾아 색칠해 보세요.

보기

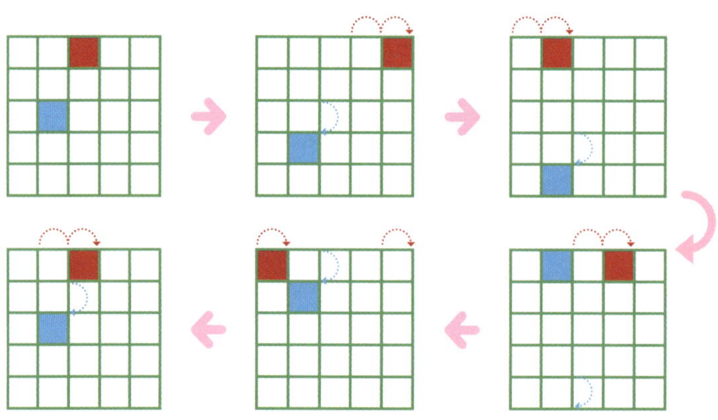

▶ 빨간색 네모는 오른쪽으로 2칸,
파란색 네모는 아래쪽으로 1칸 움직이고 있다.

❶

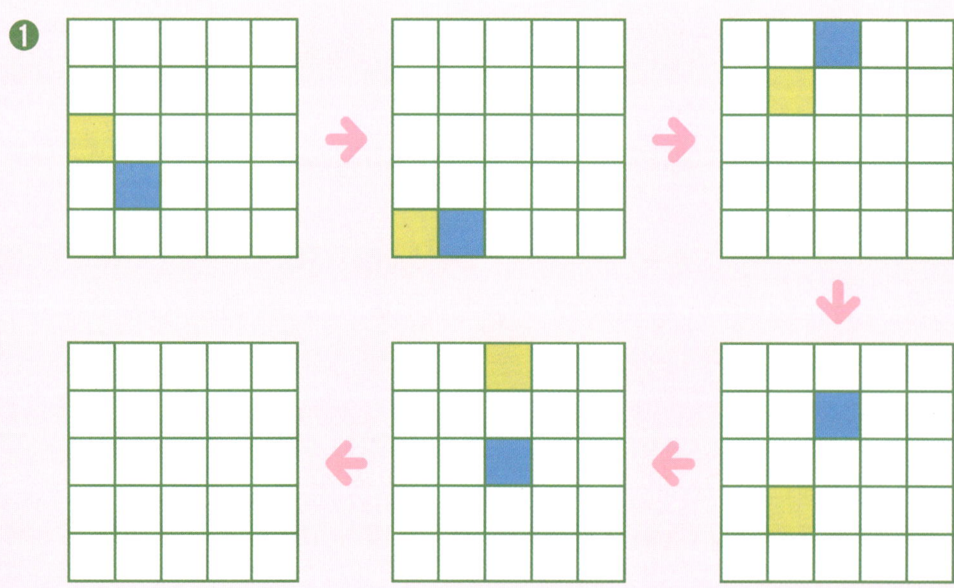

**❷**

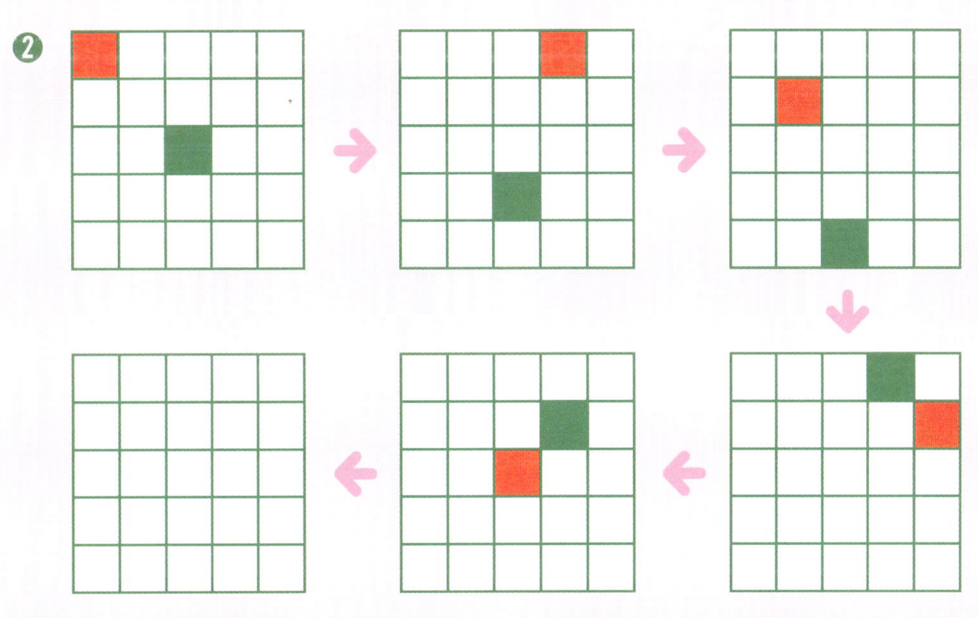

**❸**

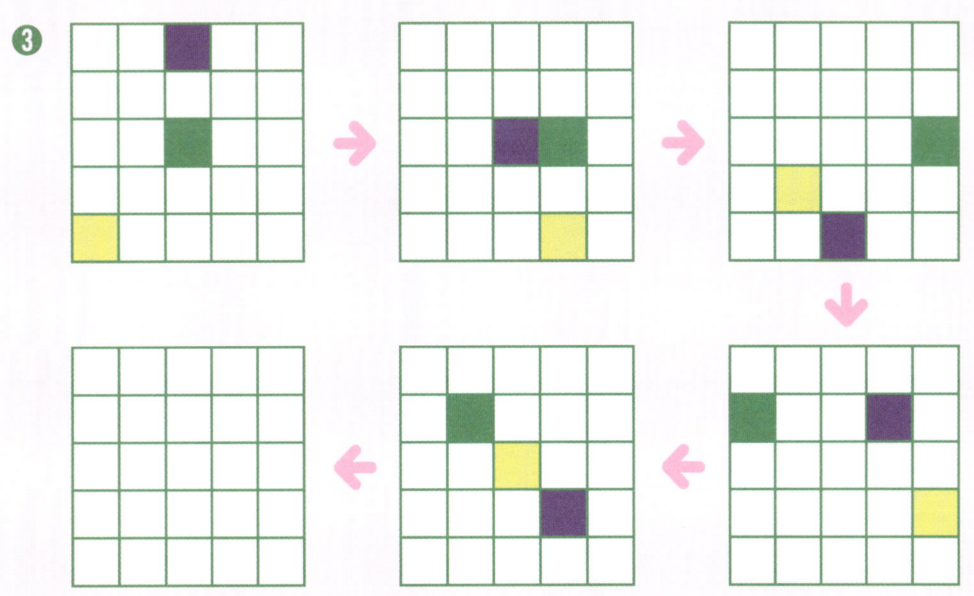

# 규칙을 문장으로 정리해요

**1** 흰색, 검은색 바둑알을 규칙에 따라 놓고 있습니다.

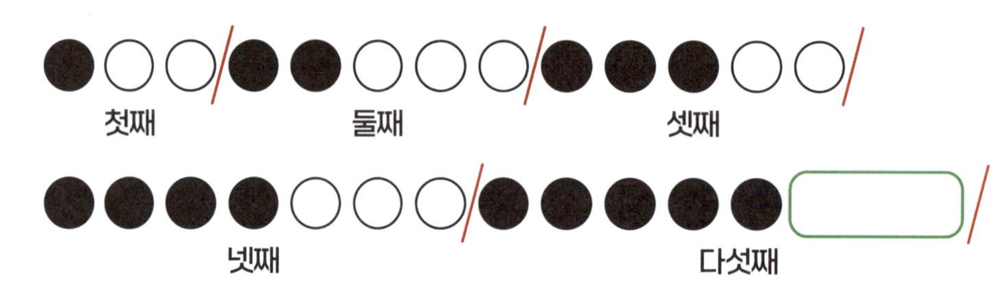



**❶** 표의 빈칸에 알맞은 수를 써 보세요.

|  | 첫째 | 둘째 | 셋째 | 넷째 | 다섯째 |
|---|---|---|---|---|---|
| ●의 개수 | 1 | 2 |  |  |  |
| ○의 개수 | 2 | 3 |  |  |  |

**❷** 다섯째에는 무슨 색깔의 바둑알을 몇 개 더 놓을지 ☐ 안에 알맞은 바둑알을 그려 보세요.

**❸** 바둑알을 놓아가는 규칙을 글로 나타내었습니다. 빈칸에 알맞은 수를 써 보세요.

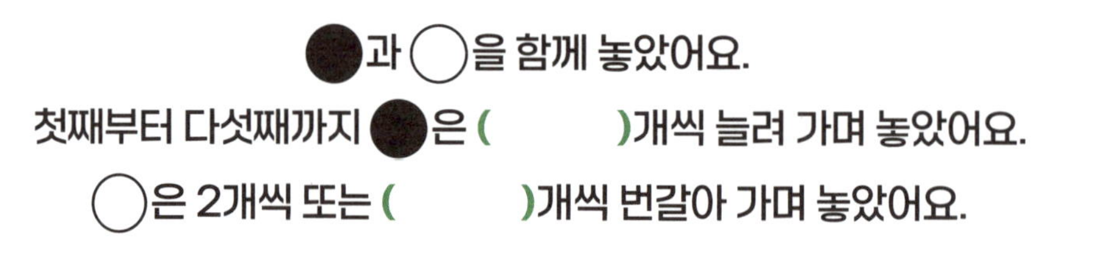

**2** ⬡, ▲ 모양 패턴 블록을 규칙에 따라 놓고 있습니다.

**①** 표의 빈칸에 알맞은 수를 써 보세요.

|  | 1층 | 2층 | 3층 | 4층 | 5층 |
|---|---|---|---|---|---|
| ⬡ 의 개수 | 5 | 4 | | | |
| ▲ 의 개수 | 10 | 8 | | | |

**②** 패턴 블록을 놓아가는 규칙을 글로 나타내었습니다. 빈칸에 알맞은 수를 써 보세요.

⬡, ▲ 모양 패턴 블록을 함께 놓았어요.

1층부터 5층까지 ⬡ 은 (          )개씩 줄여 가며 놓았어요.

▲은 (          )개씩 줄여 가며 놓았어요.

**⑤ 수에도 숨어 있는 규칙**

# 나열된 수에서 순서를 살펴요

**1** 뛰어세기 규칙에 어긋나는 연잎을 찾아 ×표 해 보세요.



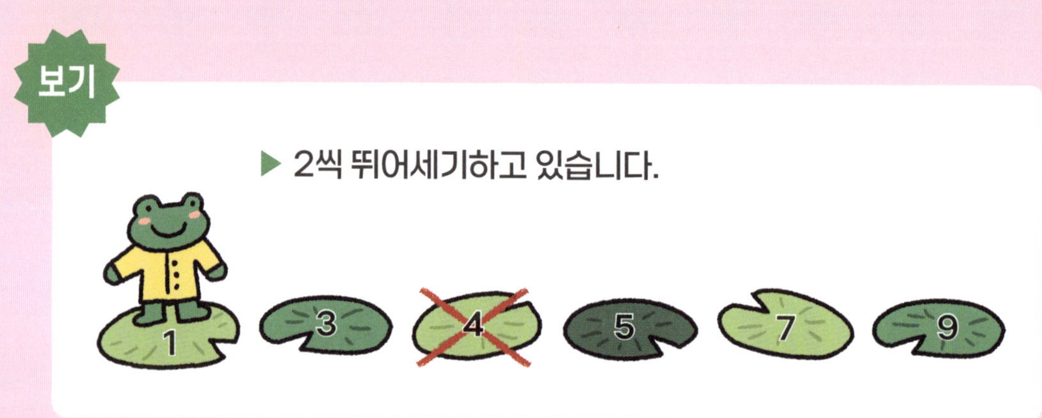

**2** 뛰어세기 규칙에 따라 빈 바위에 알맞은 수를 써 보세요.

**3** 1부터 16까지의 수를 표 안에 늘어놓았습니다. 규칙에 따라 빈칸에 알맞은 수를 써 보세요.

❶

| 10 |    | 8  | 7  |
|----|----|----|----|
| 11 | 16 | 15 |    |
|    | 13 | 14 | 5  |
| 1  | 2  | 3  | 4  |

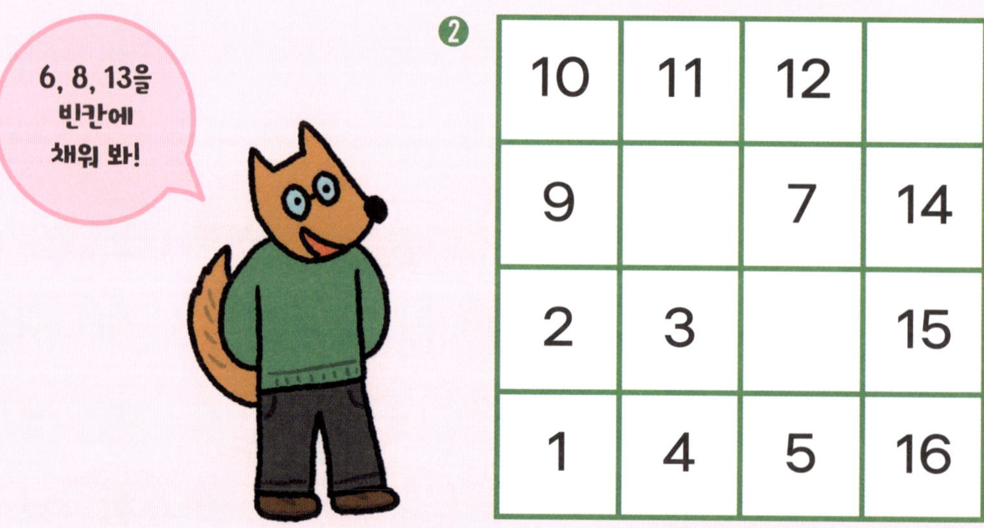


❷

| 10 | 11 | 12 |    |
|----|----|----|----|
| 9  |    | 7  | 14 |
| 2  | 3  |    | 15 |
| 1  | 4  | 5  | 16 |

**❸**

| 7 | 4 | 2 | 1 |
|---|---|---|---|
| 11 |  | 5 | 3 |
|  |  | 9 | 6 |
| 16 | 15 | 13 |  |



**❹**

| 1 | 2 | 5 | 10 |
|---|---|---|---|
| 4 | 3 | 6 | 11 |
| 9 | 8 |  | 12 |
| 16 | 15 |  |  |

# 순서에 맞는 수를 찾아요

**1** [보기]와 같이 숫자 카드 한 장을 뺀 뒤 나머지 카드를 규칙에 따라 차례대로 나열해 보세요.

**❶**

❷ 

❸ 

**2** 뛰어세기를 하여 출발부터 도착까지 선을 이어 보세요.

❶ 출발 →

| 1 | 11 | 13 | 15 | 17 |
|---|----|----|----|----|
| 20 | 21 | 22 | 23 | 24 |
| 30 | 31 | 41 | 51 | 61 |
| 40 | 41 | 42 | 43 | 71 |

→ 도착

❷ 출발 →

| 1 | 11 | 12 | 13 | 14 |
|---|----|----|----|----|
| 4 | 21 | 31 | 32 | 28 |
| 7 | 10 | 13 | 23 | 25 |
| 10 | 1 | 16 | 19 | 22 |

→ 도착

**❸**

출발 ➡

| 2 | 9 | 12 | 13 | 14 | 79 |
|---|---|----|----|----|----|
| 4 | 16 | 31 | 32 | 28 | 72 |
| 6 | 23 | 13 | 51 | 58 | 65 |
| 8 | 30 | 37 | 44 | 22 | 32 |
| 10 | 12 | 14 | 16 | 18 | 20 |

➡ 도착

**❹**

출발 ➡

| 3 | 5 | 7 | 9 | 11 | 13 |
|---|---|---|---|----|----|
| 7 | 11 | 15 | 27 | 31 | 15 |
| 11 | 13 | 19 | 23 | 35 | 17 |
| 15 | 23 | 27 | 31 | 39 | 43 |
| 19 | 22 | 26 | 35 | 43 | 47 |

➡ 도착

**3** 규칙에 따라 고리를 색칠하고 알맞은 수를 써 보세요.

❶

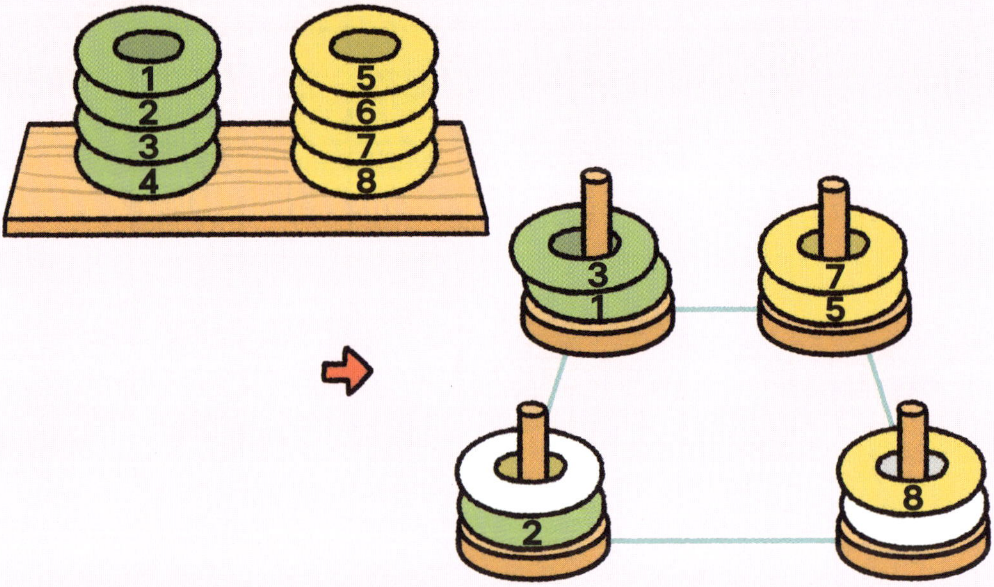

❷

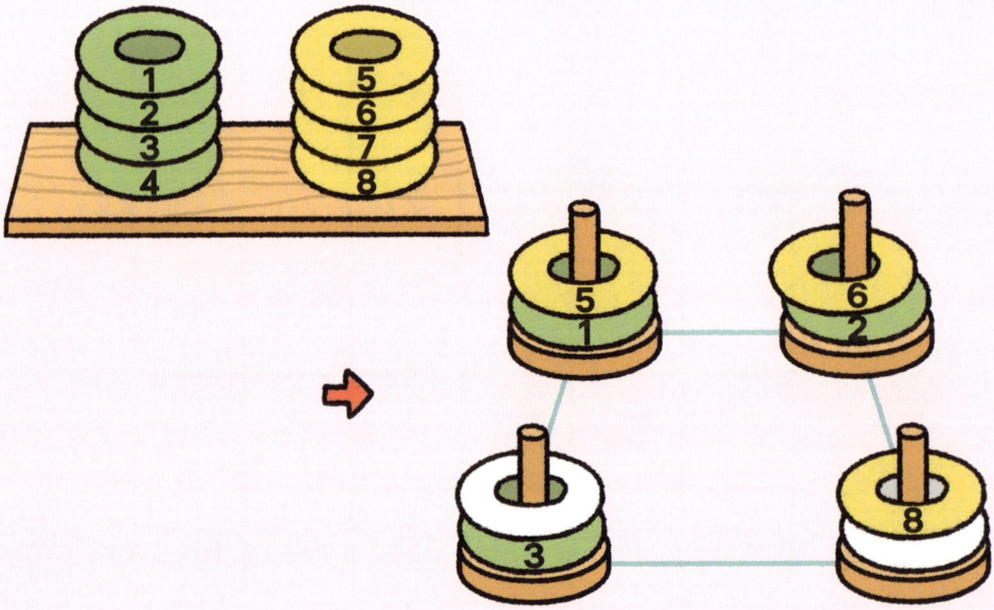

**❸**

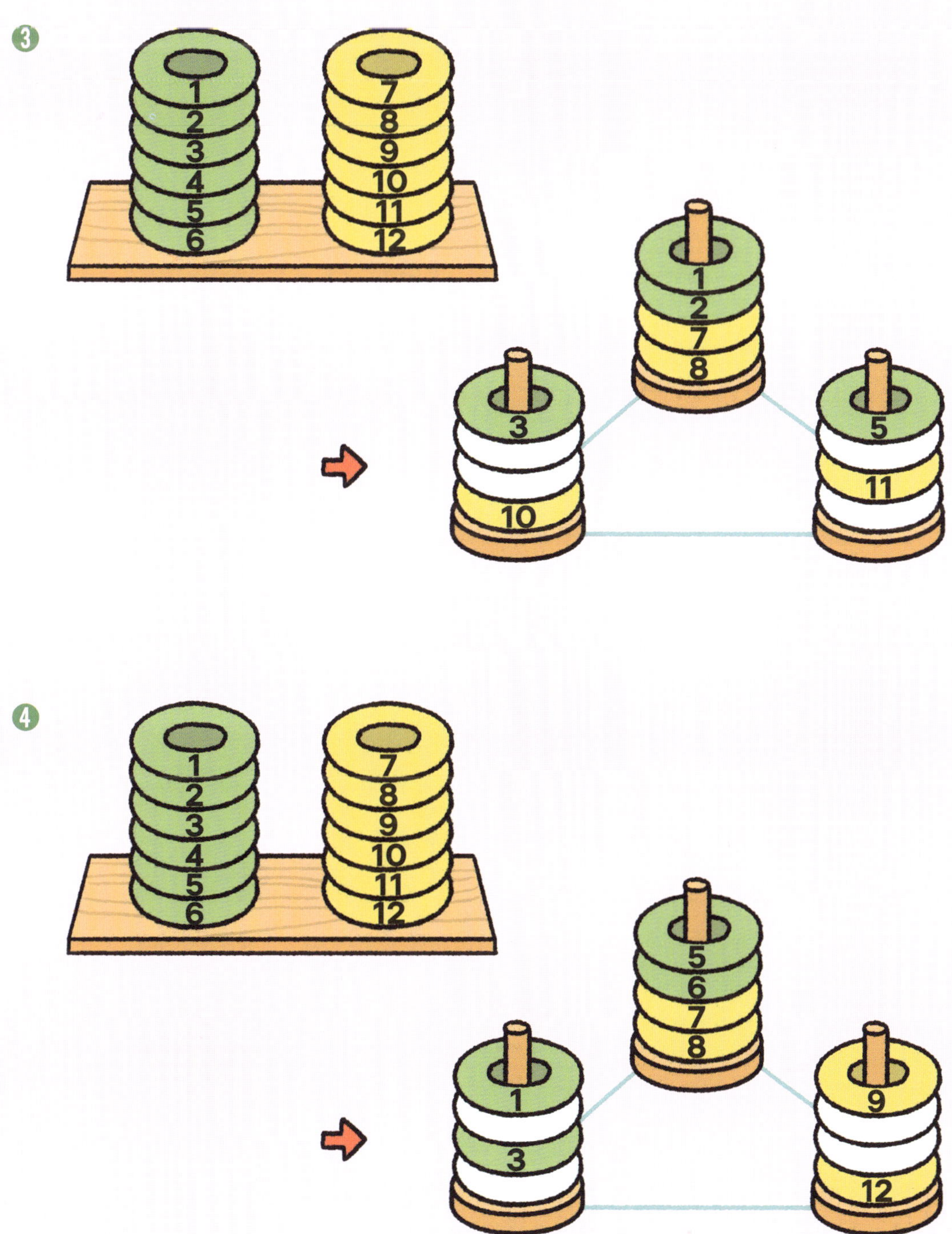

**❹**

# 규칙에 맞는 수를 채워요

**1** 1~15가 적힌 숫자 카드가 한 장씩 총 15장 있습니다. [보기]와 같이 규칙을 찾고 빈칸에 알맞은 수를 써 보세요.

| 4 | 6 |  | 8 | 2 |
|---|---|---|---|---|
| 1 | 9 |  | 3 | 7 |

**규칙 :** 두 카드의 합이 10이 되도록 짝지었다.

**❶**

| 12 | 2 |  | 13 | 1 |  | 3 | 11 |
|----|---|---|----|---|---|---|----|
|    |   |  |    |   |  |   |    |

**규칙 :**

❷ 

| 15 | 13 |  | 14 | 12 |  | 9 | 7 |

규칙 :

❸

| 9 | 7 |  | 10 | 6 |  | 11 | 5 |

규칙 :

④　

| 15 | 3 |　| 11 | 7 |　| 14 | 4 |

규칙 :

⑤　

| 3 | 9 |　| 7 | 1 |　| 8 | 2 |

규칙 :

**6** 

규칙 :

**7** 

규칙 :

# 생각 골똘 문제 해결

**1** 나의 이웃은 누구일까?

# 길을 따라 가요

1  [보기]와 같이 사다리 타기를 하여 짝을 지으려고 합니다.

 보기

▶ 사다리는 위에서 아래 방향으로 가야 합니다.
▶ 새로운 가로선을 만나면 반드시 가로선을 지나가야 합니다.

❶ 각 장난감과 짝이 되는 사람을 찾아 빈칸에 알맞은 이름을 써 보세요.

❷ 각 음료수와 짝이 되는 사람을 찾아 빈칸에 알맞은 이름을 써 보세요.

**2** 새끼와 어미가 바르게 이어지도록 사다리의 가로선 1개를 지우려고 합니다. 지워야 하는 가로선에 ×표 해 보세요.

**3** 같은 종류의 물건이 연결되도록 사다리에 가로선 1개를 더하려고 합니다. 더해야 하는 위치에 가로선을 그려 보세요.

❶

❷

# 어떤 관계가 있을까?

**1** 색이 다른 구슬은 무게도 서로 다릅니다. 구슬을 양쪽에 달아 기울지 않는 모빌을 만들고 있습니다.

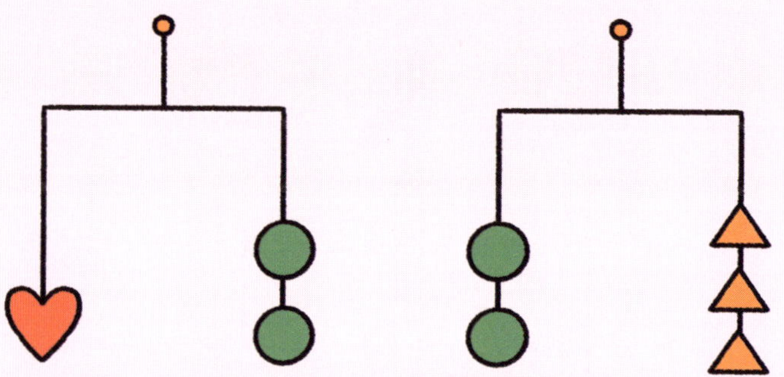

**❶** 그림을 보고, 구슬의 무게 사이의 관계를 글로 나타내었습니다. 빈칸에 알맞은 수를 적어 글을 완성해 보세요.

**❷** 새로운 모빌을 만들었습니다. 이때, △은 몇 개 필요한가요?

**2** 그림을 보고, 구슬의 무게 사이 관계를 찾아 마지막 모빌을 완성하는 데
필요한 구슬의 개수를 구하세요.

❶

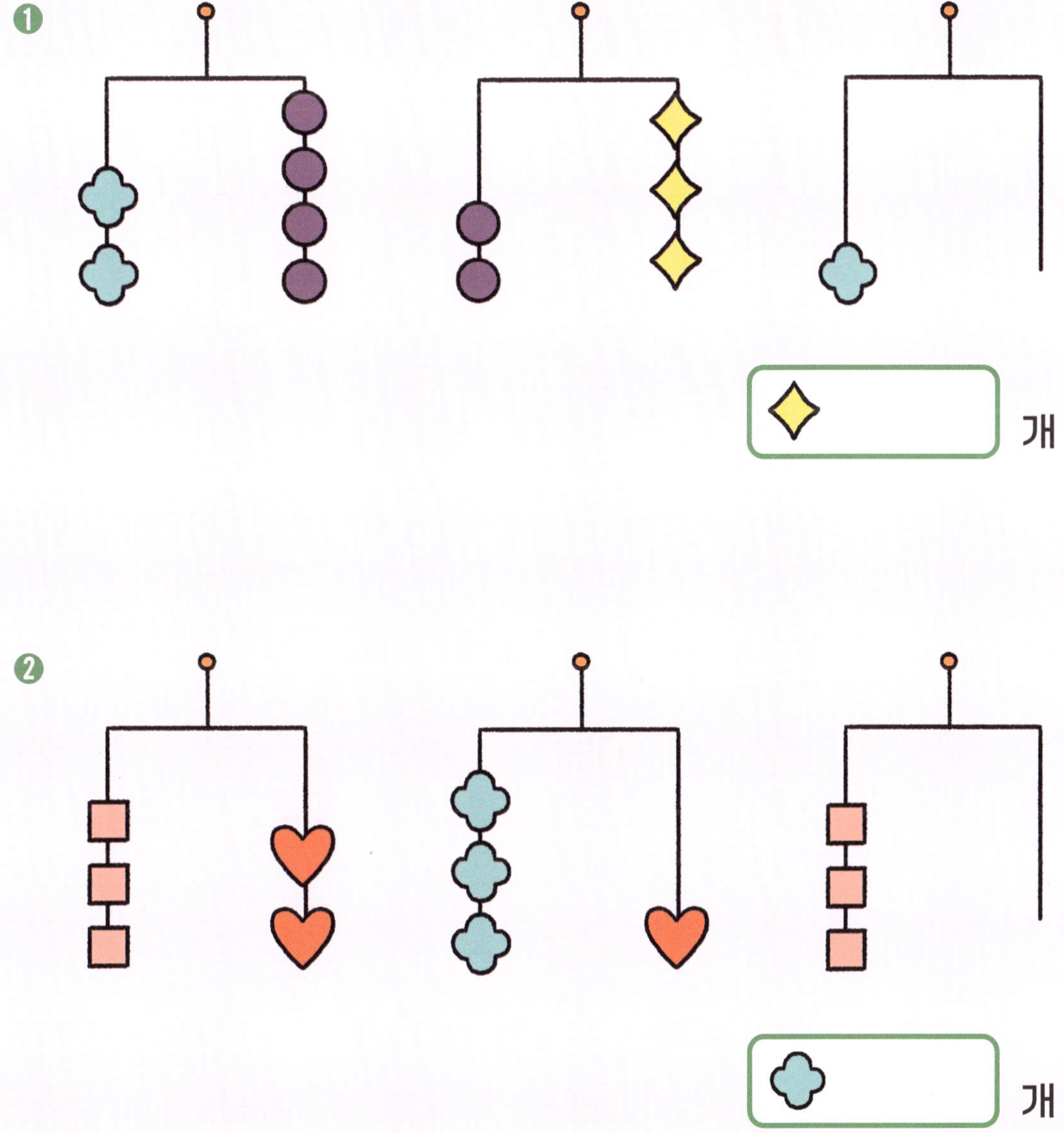

개

❷

개

**3** 친구들끼리 사진을 찍었습니다. [보기]와 같이 친구들이 서 있는 순서대로 이름을 적어 놓은 것을 보고, 빈칸에 알맞은 이름을 써 보세요.

은우, 도연

도연, 이현

**❶**

지우, 이안

이안, 서진

❷

은우, 지원

지원, 정원, 이현

❸

다운, 이수

서원, 성연, 다운

**4** 도연, 시우, 지호, 재희가 놀이공원에서 관람차를 타고 있습니다. 아래 설명을 읽고 각 관람차에 타고 있는 사람의 이름을 써 보세요.

▶ 도연이는 초록색 관람차를 타고 있습니다.

▶ 시우와 지호 사이에 다른 친구가 타고 있습니다.

▶ 지호는 노란색 관람차를 타고 있지 않습니다.

**5**   은우, 지아, 서진, 이수가 놀이공원에서 관람차를 타고 있습니다. 아래 설명을 읽고 각 관람차에 타고 있는 사람의 이름을 써 보세요.

▶ 은우의 양쪽 옆에는 지아와 서진이가 타고 있습니다.

▶ 은우는 노란색 관람차를 타고 있습니다.

▶ 지아는 파란색 관람차를 타고 있지 않습니다.

# 정해진 자리를 찾아요

**1** [보기]와 같이 주어진 설명에 맞게 국가 카드를 순서대로 놓으려고 합니다.
각 자리에 알맞은 국가의 이름을 골라 번호를 써 보세요.

▶ 미국 1장, 체코 2장, 벨기에 1장을 갖고 있습니다.
  (①미국 ②체코 ③ 체코 ④ 벨기에)
▶ 체코 카드와 체코 카드 사이에 다른 카드 한 장이 있습니다.
▶ 미국 카드는 가장 왼쪽에 있습니다.

**①**

▶ 칠레 2장, 요르단 1장, 콩고 공화국 1장을 갖고 있습니다.
  (①칠레 ②칠레 ③ 요르단 ④ 콩고 공화국)
▶ 칠레 카드는 서로 이웃해 있습니다.
▶ 칠레 카드와 요르단 카드 사이에는 콩고 공화국 카드가 있습니다.
▶ 요르단 카드는 가장 오른쪽에 있습니다.

**❷**

▶ 일본, 필리핀, 호주, 네덜란드 카드를 각 1장씩 갖고 있습니다.
(①일본 ②필리핀 ③호주 ④네덜란드)

▶ 일본 카드 바로 왼쪽에 호주 카드가 있습니다.

▶ 필리핀 카드 바로 오른쪽에 호주 카드가 있습니다.

▶ 네덜란드 카드는 가장 왼쪽에 있습니다.

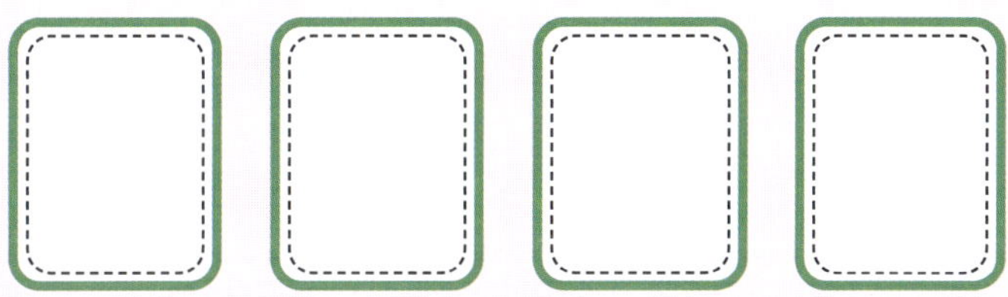

**❸**

▶ 중국, 칠레, 스위스, 멕시코 카드를 각 1장씩 갖고 있습니다.
(①중국 ②칠레 ③스위스 ④멕시코)

▶ 칠레 카드와 중국 카드 사이에 다른 카드 한 장이 있습니다.

▶ 스위스 카드는 가장 오른쪽에 있습니다.

▶ 칠레 카드 오른쪽에 중국 카드가 있습니다.

**② 내 자리는 어디에?**

# 이 중 어느 것일까요?

**1** 정리함 안에 장난감이 여러 개 있습니다. 다음 글에서 설명하는 자동차를 찾아 ○표 해 보세요.

▶ 자동차의 왼쪽에는 주사위가 있습니다.

**2** 정리함 안에 동물 방석이 여러 개 있습니다. 다음 글에서 설명하는 원숭이 방석을 찾아 ○표 해 보세요.

▶ 원숭이 방석의 왼쪽에는 곰 방석이 있습니다.
▶ 원숭이 방석의 위에는 기린 방석이 있습니다.

**3** 정리함 안에 교통수단 장난감이 여러 개 있습니다. 다음 글에서 설명하는
자동차를 찾아 ○표 해 보세요.

▶ 비행기는 자동차의 오른쪽에 있습니다.
▶ 자동차의 아래에는 배가 있습니다.

**4** 정리함 안에 장난감 인형이 여러 개 있습니다. 다음 글에서 설명하는 원숭이 인형을 찾아 ○표 해 보세요.

▶ 원숭이 인형의 오른쪽에는 기린 인형이 있습니다.

▶ 돼지 인형은 원숭이 인형의 위에 있습니다.

# 어느 위치인지 살펴요

**1** 정리함 안에 장난감이 아래 그림처럼 정리되어 있습니다.

❶ 장난감이 놓인 위치를 설명한 글입니다. 알맞은 말을 골라 빈칸에 써 보세요.

왼쪽, 오른쪽, 위, 아래

▶ 곰 인형은 야구 방망이의 [    ]에 있습니다.

▶ 비행기는 축구공의 [    ]에 있습니다.

▶ 자동차는 사자 인형의 [    ]에 있습니다.

▶ 축구공은 농구공의 [    ]에 있습니다.

❷ 지우와 태연이가 돼지 인형의 위치를 서로 다르게 설명하였습니다. 빈칸에 알맞은 글을 골라 ○표 해 보세요.

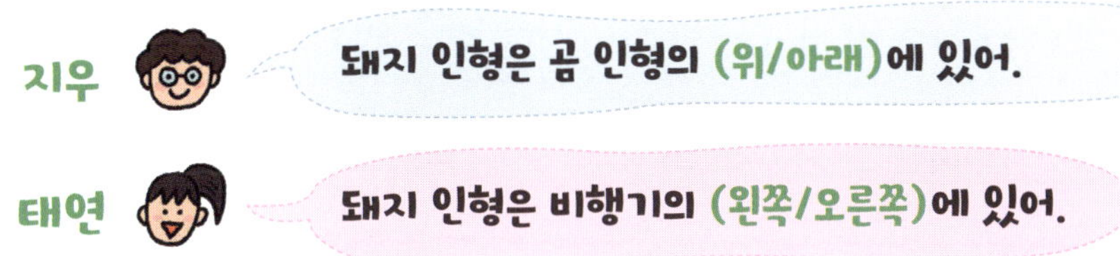


❸ 장난감을 보며 나눈 친구들의 대화를 읽고 잘못 말한 사람의 이름을 써 보세요.

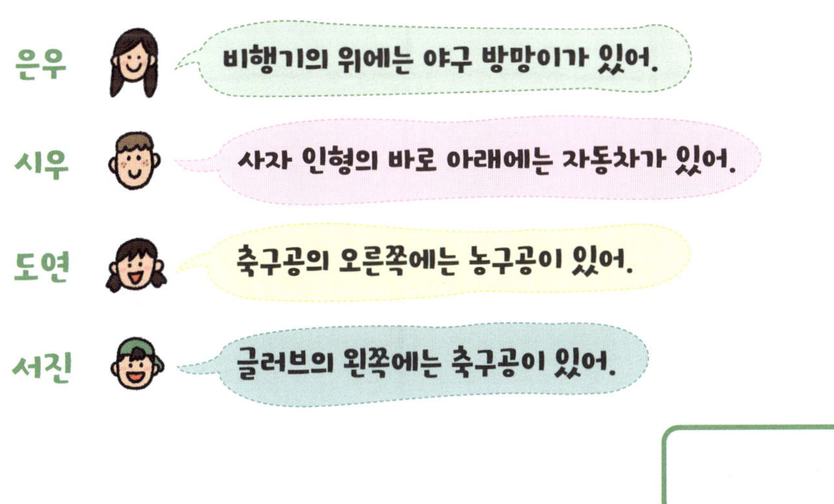

**2** 돼지 삼형제는 서로 다른 장난감을 가지고 있습니다. 누가 어떤 장난감을 갖고 있는지 주어진 표에 ○표 해 보세요.

**①**

> ▶ 첫째 돼지는 두 글자로 된 장난감을 갖고 있습니다.
> ▶ 셋째 돼지는 날개가 달린 장난감을 갖고 있지 않습니다.

| | | | |
|---|---|---|---|
| 첫째 돼지 | | | ○ |
| 둘째 돼지 | | | |
| 셋째 돼지 | | | |

**❷**

▶ 둘째 돼지는 파란색 로봇을 갖고 있지 않습니다.

▶ 둘째 돼지는 다음번에는 초록색 로봇을 갖고 놀기로 결심했습니다.

▶ 셋째 돼지는 초록색 로봇을 갖고 있지 않습니다.

응용력이 커지는

STEP 2

**3** 선생님의 질문을 듣고, 진실이면 ○ 카드를, 진실이 아니라면 × 카드를 듭니다. 선생님의 질문과 친구들의 카드를 보고 물음에 답하세요.

❶ 세 친구는 사과, 참외, 복숭아를 하나씩 가지고 있습니다. 서로 다른 과일을 갖고 있을 때, 각자 어떤 과일을 갖고 있는지 빈칸에 알맞은 과일을 써 보세요.

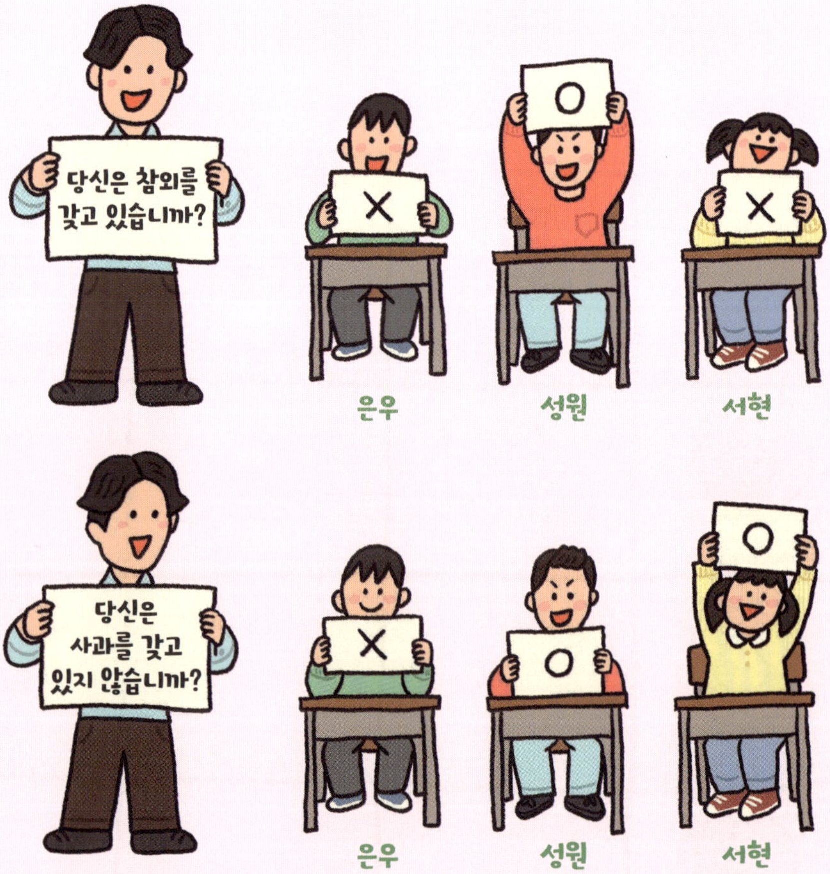


| 은우 | 성원 | 서현 |
|---|---|---|
| | | |

❷ 세 친구는 플룻, 바이올린, 기타 중 하나씩 가지고 있습니다. 서로 다른 악기를 갖고 있을 때, 각자 어떤 악기를 갖고 있는지 빈칸에 알맞은 악기를 써 보세요.

| 은우 | 성원 | 서현 |
| --- | --- | --- |
|  |  |  |

# 알맞은 자리를 찾아요

**1** 지원, 희수, 성원은 1~3층인 집에서 서로 다른 층에 살고 있습니다. 다음 설명을 보고 각 층에 누구의 방이 있는지 이름을 써 보세요.

> ▶ 지원이의 방은 가장 위층입니다.
> ▶ 성원이의 방은 1층이 아닙니다.

| 1층 | 2층 | 3층 |
| --- | --- | --- |
|  |  |  |

**2** 지원, 희수, 성원은 방을 바꾸기로 하였습니다. 다음 설명을 보고 모두가 만족하려면 각각 몇 층으로 방을 옮겨야 할지 이름을 써 보세요.

> ▶ 지원이는 가장 위층의 방을 원하지 않습니다.
> ▶ 희수는 가장 아래층 방도 가장 위층 방도 원하지 않습니다.

| 1층 | 2층 | 3층 |
| --- | --- | --- |
|  |  |  |

**3** 선생님이 반 학생들을 여러 모둠으로 나누고 있습니다. 다음 설명을 보고
빈칸에 알맞은 학생의 이름을 써 보세요.

은우, 성원, 서현은 각기 다른 모둠에 속해 있습니다.

**Q.** 당신은 1조입니까?

은우 : 아니오    성원 : 아니오    서현 : 네

**Q.** 당신은 2조가 아닙니까?

은우 : 아니오    성원 : 네    서현 : 네

| 1조 | 2조 | 3조 |
|---|---|---|
|  |  |  |

서아, 시우, 지호는 각기 다른 모둠에 속해 있습니다.

**Q.** 당신은 1조가 아닙니까?

서아 : 아니오    시우 : 네    지호 : 네

**Q.** 당신은 2조가 아닙니까?

서아 : 네    시우 : 아니오    지호 : 네

| 1조 | 2조 | 3조 |
|---|---|---|
|  |  |  |

### ❸ 수 안의 규칙을 찾아요
# 규칙에 맞게 색칠해요 ●━━━━━━━

**1** 가로줄과 세로줄에 색칠된 칸의 수만큼 ◯ 안에 알맞은 수를 써 보세요.

❶

❷

**2** ◯ 안의 수만큼 가로줄과 세로줄의 칸을 색칠해 보세요.

**❶**

|  | 3 | 1 | 2 | 1 |
|---|---|---|---|---|
| **1** |  |  |  | ▨ |
| **2** |  |  | ▨ |  |
| **1** |  |  |  |  |
| **3** |  |  |  |  |

**❷**

|  | 1 | 2 | 3 | 1 |
|---|---|---|---|---|
| **2** |  |  |  |  |
| **0** |  |  |  |  |
| **4** |  |  |  |  |
| **1** |  |  |  |  |

**3** [보기]와 같이 규칙에 따라 땅을 나누고 색칠해 보세요.

▶ 땅은 반드시 네모 모양으로 나누어야 합니다.
▶ 나누어진 땅 안에 깃발이 꼭 1개씩 있어야 합니다.
▶ 깃발에 쓰인 수만큼 네모 칸을 포함해야 합니다.

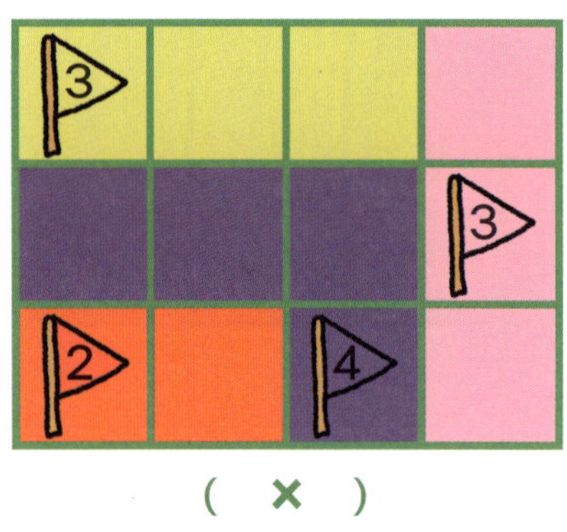

( ✗ )

보라색 땅이 네모 모양이
아닙니다.

( ◯ )

❶

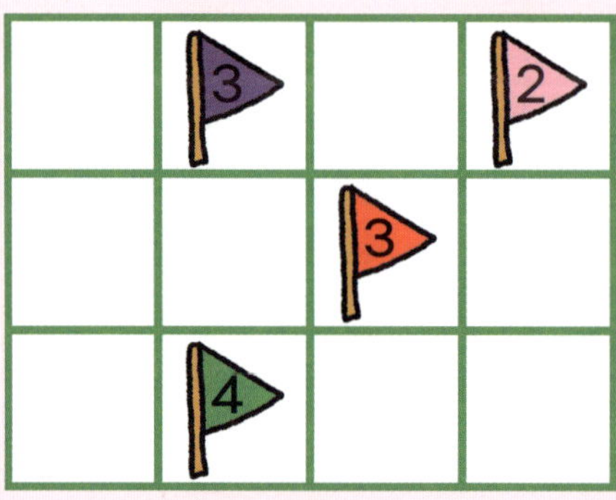

**②**

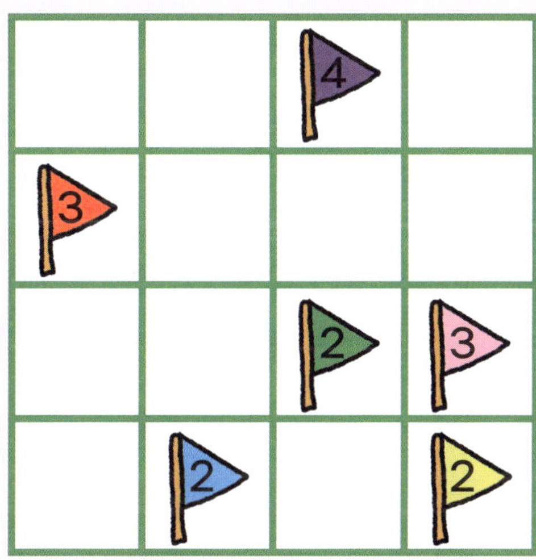

**③**

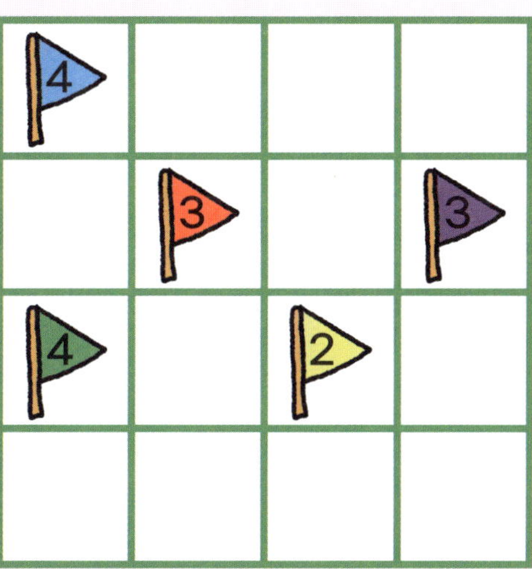

# 규칙에 따라 빈칸을 채워요

1. [보기]와 같이 각 가로줄, 세로줄에 ◎, ▥, ♡가 하나씩 들어가야 합니다. 빈칸에 알맞은 모양을 그려 넣어 보세요.

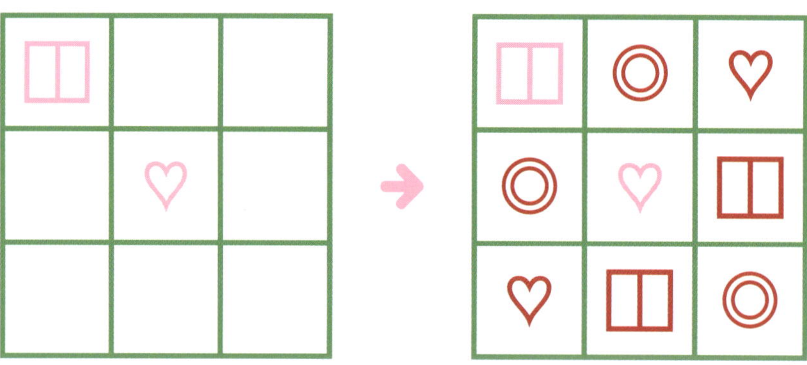

**보기**

❶ 

❷ 

**2** 각 가로줄, 세로줄에 ◯, △, □, ☆가 하나씩 들어가야 합니다. 빈칸에 알맞은 모양을 그려 넣어 보세요.

❶
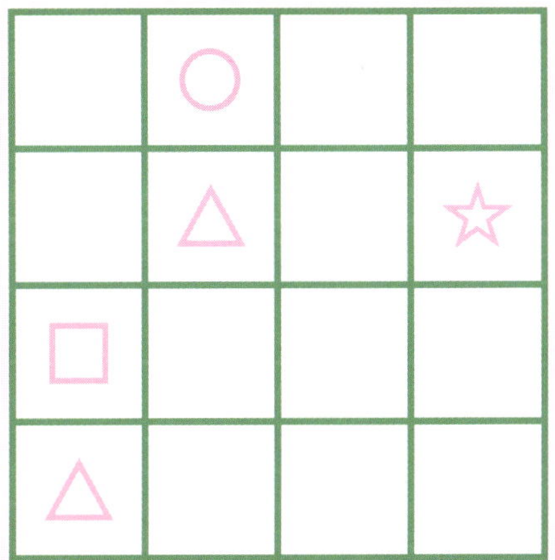

❷
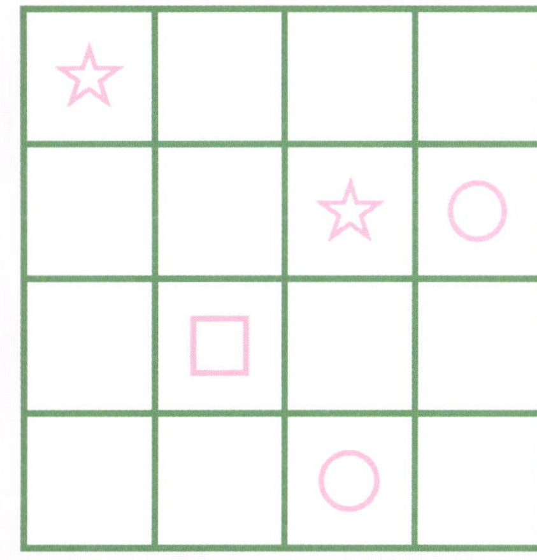

**3** 각 가로줄, 세로줄에 ◯, △, □, ♡, ☆가 하나씩 들어가야 합니다. 빈칸에 알맞은 모양을 그려 넣어 보세요.

❶
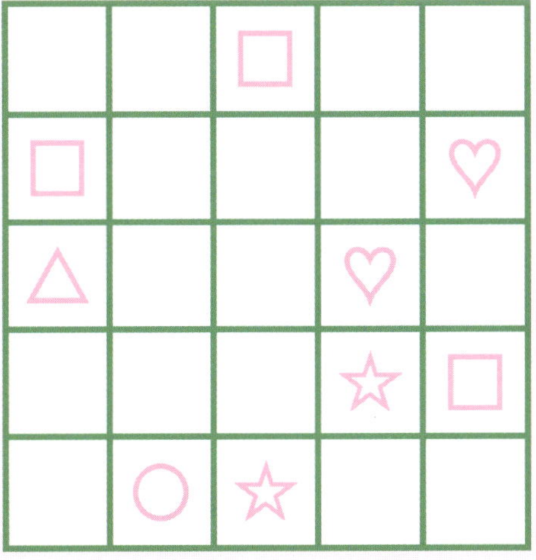

❷
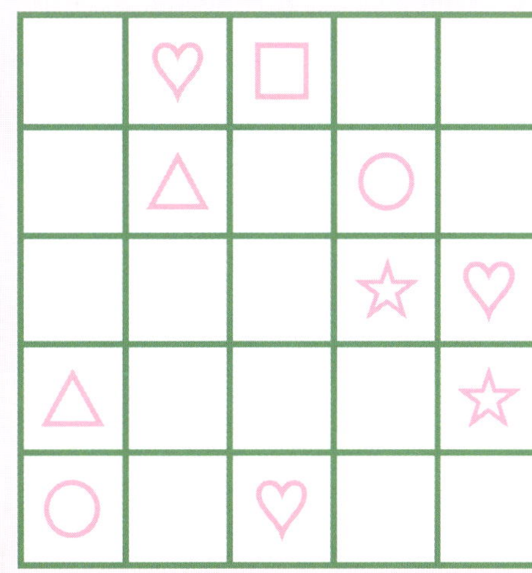

**4** 돼지 마을 친구들이 운동회를 합니다. [보기]와 같이 규칙에 따라 청팀, 백팀의 위치에 맞게 '청' 또는 '백'을 써 보세요.

보기

▶ 가로줄과 세로줄에는 청팀 돼지 1마리와 백팀 돼지 1마리가 있어야 합니다.

▶ ▷와 ▶는 가장 앞에 보이는 돼지의 머리띠 색입니다.

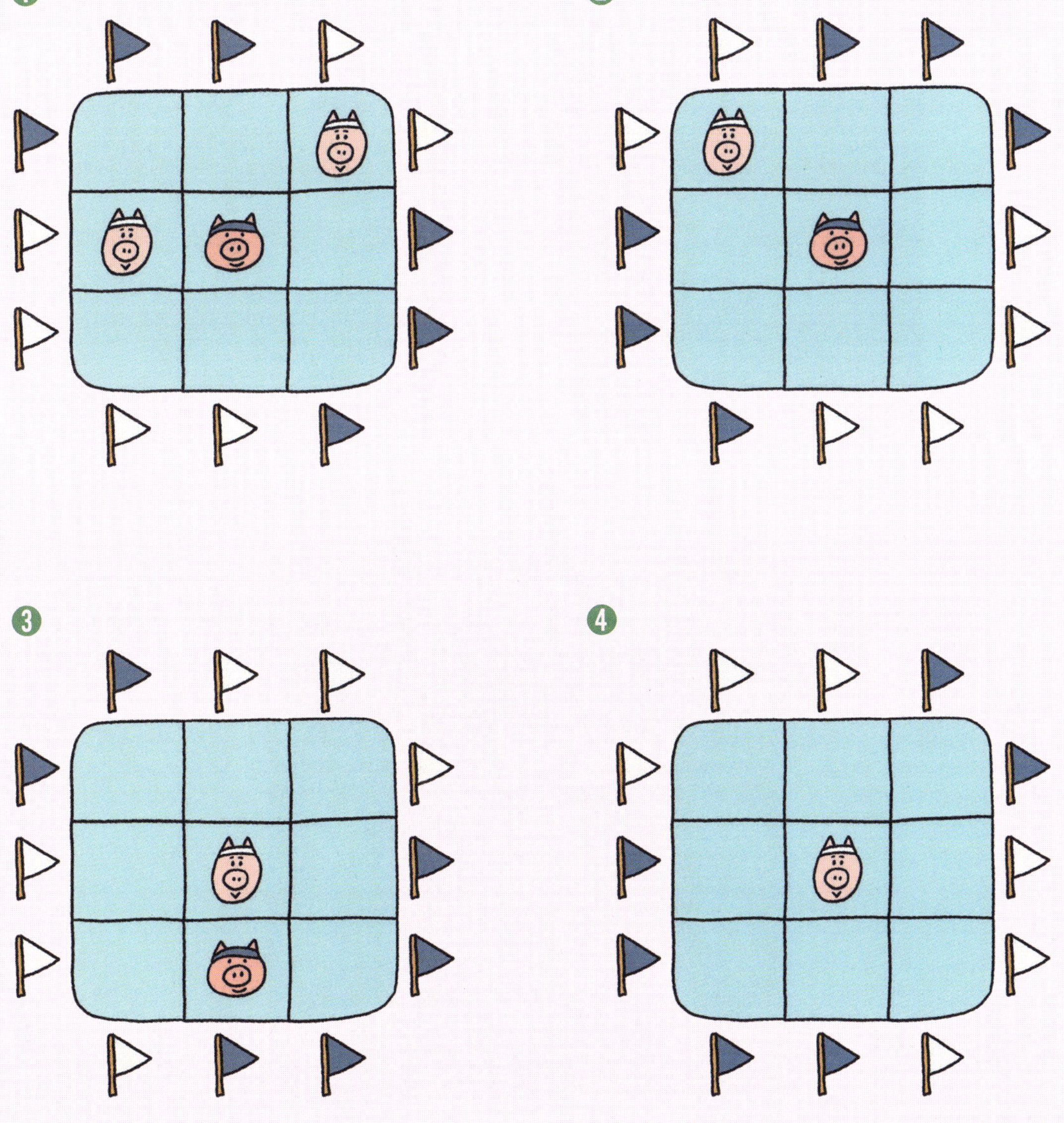

**5** [보기]와 같이 초콜릿에 쓰인 수만큼 초콜릿을 여러 개의 네모 조각을 나누어 표시해 보세요. (단, 나누어진 조각 안에 숫자는 꼭 1개씩 있어야 합니다.)

보기

 → 

❶

**❷**

**❸**

# STEP 3 선을 그어 규칙을 완성해요

**1** 금화 주위에 선을 그어 금화를 가두는 퍼즐입니다. [보기]와 같이 규칙에 따라 선을 그어 퍼즐을 해결해 보세요.

보기

▶ 각 □ 안의 숫자는 그 □를 지나는 선의 개수를 나타냅니다.
▶ 선이 중간에 끊겨서는 안 됩니다.
▶ 선끼리 서로 엇갈려서는 안 됩니다.

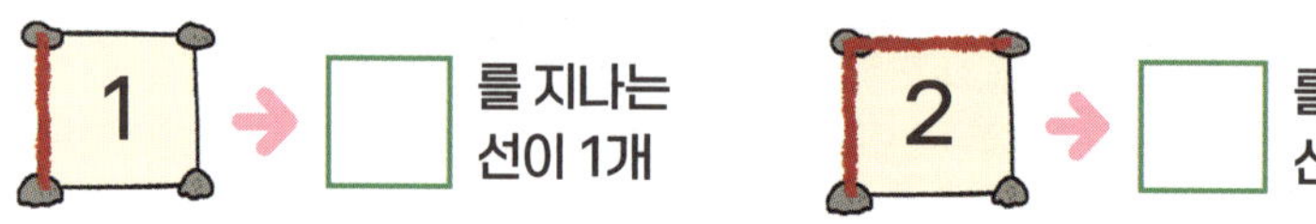

**①**

**②**

**③**

**④**

**④ 순서를 찾아 해결해요**

# 순서를 찾아 움직여요

**1** [보기]와 같이 왼쪽 퍼즐의 블록을 옮겨 오른쪽 퍼즐의 모양으로 만들려고 합니다. 어떤 순서로 옮겨야 할지 블록의 번호를 써 보세요.

보기

▶ 블록은 밀어서만 움직일 수 있습니다.
▶ 장애물이 있으면 밀어 움직일 수 없습니다.

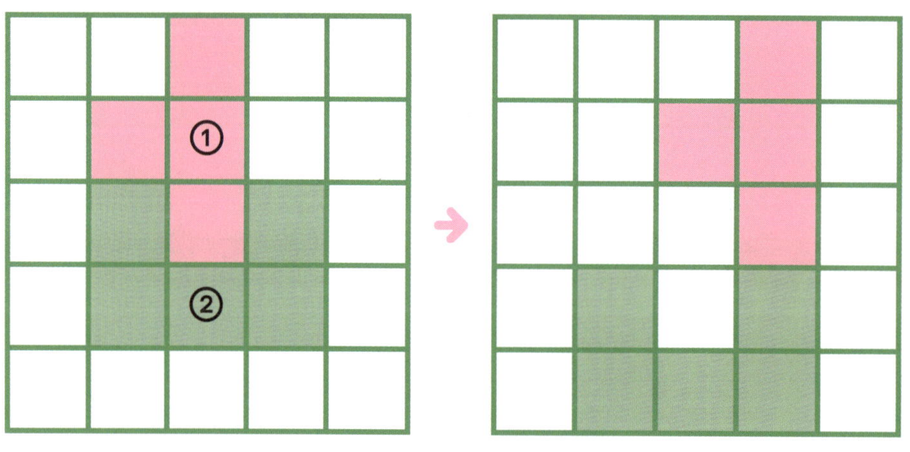

움직이는 순서     ② →  ①

**❶**

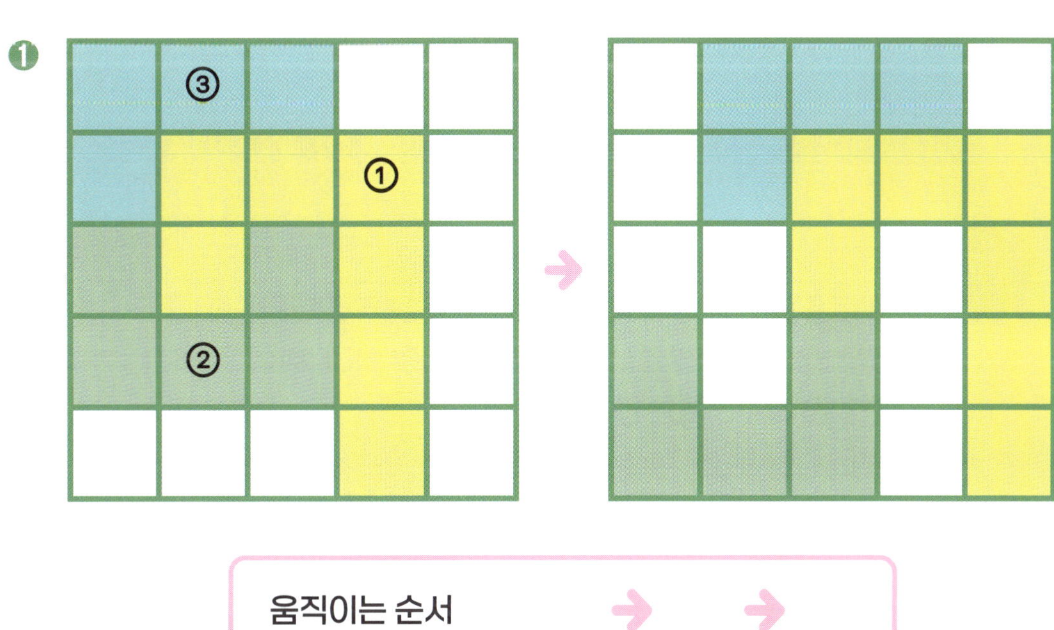


움직이는 순서　→　→

**❷**

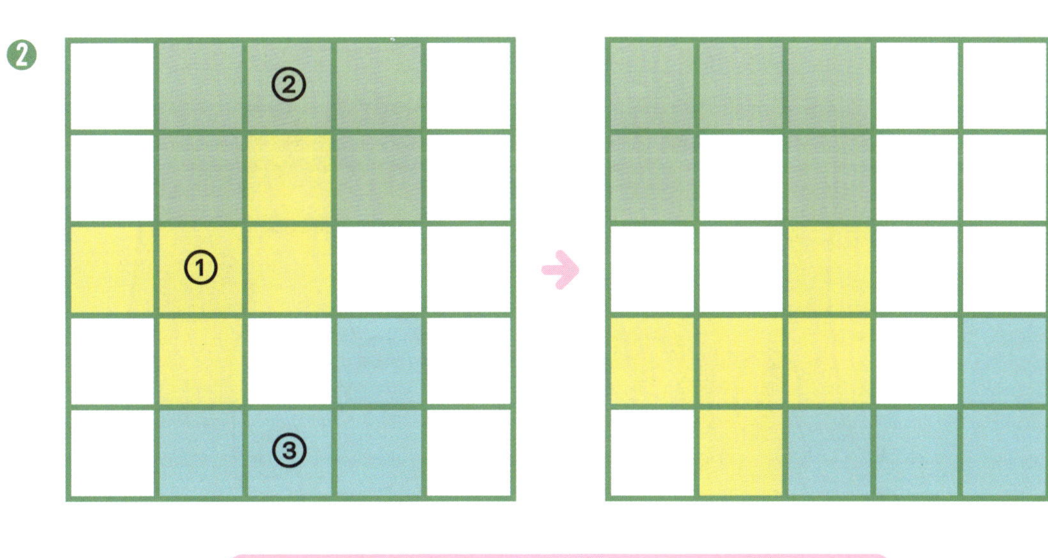


움직이는 순서　→　→

**2** 다람쥐가 도토리를 찾아 길을 떠납니다. [보기]와 같이 규칙에 따라 선을
이어 보세요.

보기

▶ 미로를 통과하기 위해서는 빨간 돌을 모두 지나야 합니다.
▶ 빨간 돌에서는 반드시 방향을 바꾸어야 하며, 회색 돌에서는
방향을 바꾸어서는 안 됩니다.
▶ 같은 길은 두 번 지날 수 없습니다.

**1**

**2**

# 규칙에 맞게 길을 건너요

**1** [보기]와 같이 엄마 동물이 아기 동물을 만나도록 선을 이어 보세요.

**❶**

④

⑤

**6** 

**7** 

**2** [보기]와 같이 다람쥐가 도토리를 찾아 가도록 선을 이어 보세요. (단, 웅 덩이를 피해 모든 칸을 한 번씩 지나야 합니다.)

보기

❶

120

**❷**

**❸**

# 선을 연결해 문장을 완성해요

**1** [보기]와 같이 주어진 문장이 되도록 선을 이어 보세요.

▶ 빈칸이 없도록 하나의 선으로 연결합니다.

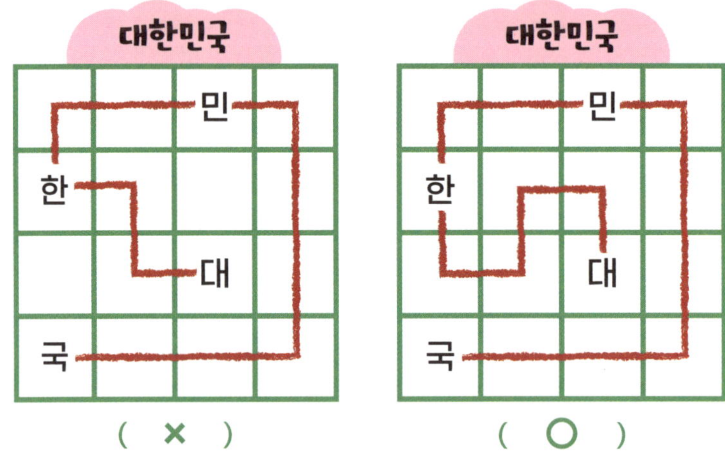


▶ 한 칸에는 하나의 선만 지나갈 수 있고 다른 선과 겹쳐서는 안 됩니다.

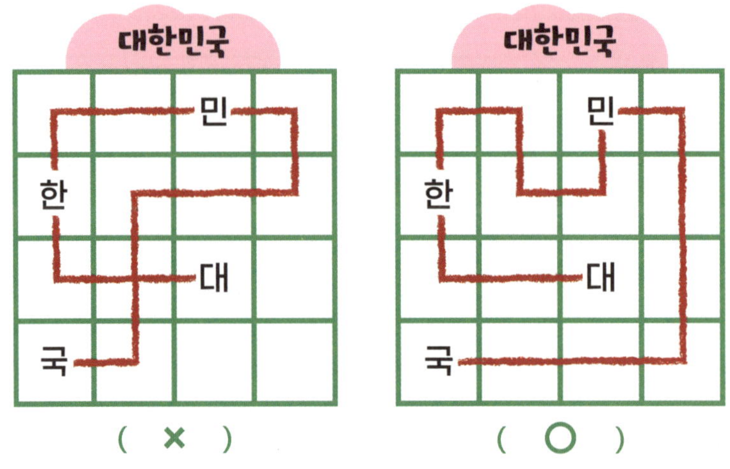

**①** 엄마 사랑해

| | | | |
|---|---|---|---|
| | | | 랑 |
| | 엄 | | |
| 마 | | 사 | |
| | | 해 | |

**②** 아이스크림

| | | | |
|---|---|---|---|
| | | | |
| | 이 | | 스 |
| | | 아 | |
| 림 | | 크 | |

**③** 친구야 고마워

| | | | | 야 |
|---|---|---|---|---|
| | | | | |
| 고 | | | | |
| | 마 | 친 | | |
| 워 | | | 구 | |
| | | | | |

**④** 독도는 우리땅

| | | | | |
|---|---|---|---|---|
| 독 | | | | |
| 는 | | 리 | | |
| | | | | |
| | | 땅 | | |
| 우 | | | 도 | |

⑤ 약속한 규칙을 지켜요

# 약속한 대로만 길을 가요

1 [보기]와 같이 테리와 주니가 만나도록 선을 이어 보세요.

보기

▶ 테리는 가로, 세로로 점프하여 좋아하는 주니에게까지 가야 합니다.

▶ 테리는 ♥의 개수만큼 점프하고, 한 방향으로만 연속하여 점프합니다.

( ○ )

( ✕ )

❶ 

❷ 

**2** [보기]와 같이 출발에서부터 보물 상자까지 길을 찾아 선으로 이어 보세요.

보기

▶ 칸에 표시된 화살표 방향으로 한 칸씩만 이동할 수 있습니다.

▶ 두 방향 화살표는 하나의 방향을 선택해서 이동합니다.

▶ 한 번 지나간 칸은 다시 지나갈 수 없습니다.

❶
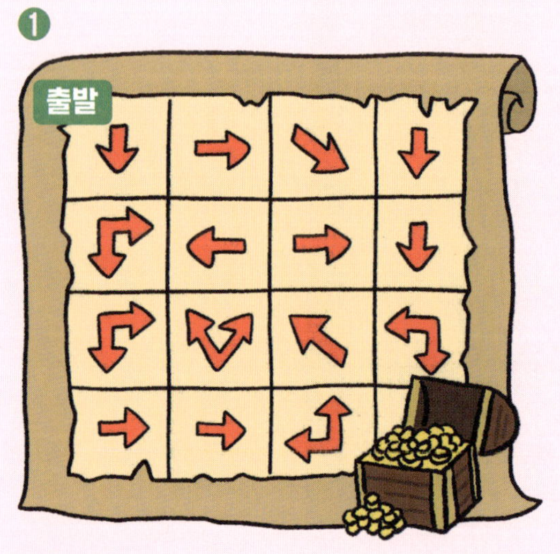


❷

❸

❹

❺

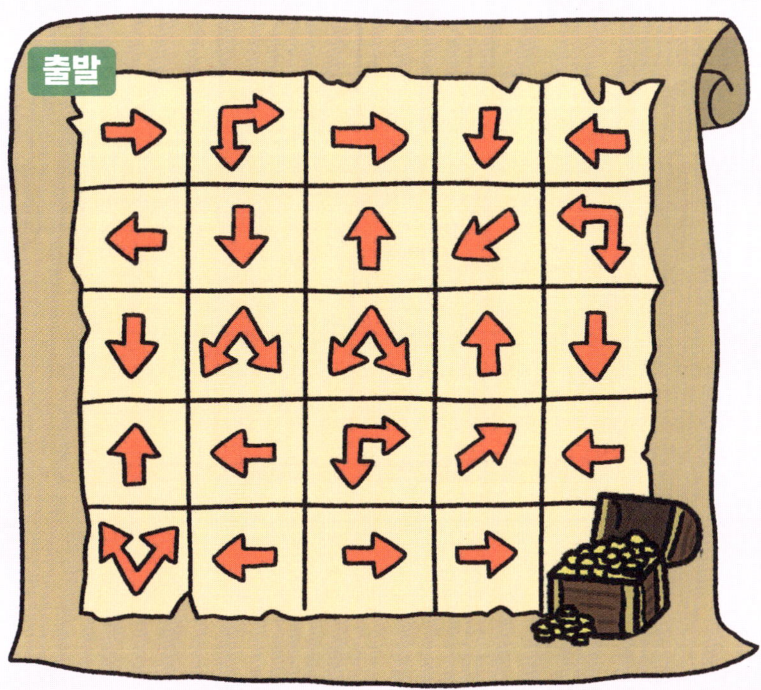

# 규칙을 살피고 선을 이어요

1   [보기]와 같이 뱀의 머리와 꼬리를 연결하는 퍼즐이 있습니다.

보기

▶ 뱀의 머리에서 시작하여 꼬리까지 하나의 선으로 연결합니다.
▶ 현재 칸에 있는 수보다 3 크거나 4 작은 수로 한 칸씩 이동해야 합니다.
▶ 가로, 세로, 대각선 모든 방향으로 이동할 수 있습니다.
▶ 0보다 작은 수가 나오면 안 됩니다.

❶ 규칙에 따라 뱀의 머리와 꼬리를 연결하는 선을 표시해 보세요.



❷ 뱀의 머리와 꼬리를 연결하는 선을 찾아 다음과 같이 표시하였습니다. 빈 칸에 들어갈 알맞은 수를 써 보세요.

2   건물 사이에 다리를 놓으려고 합니다. [보기]와 같이 규칙에 따라 선을 표시해 보세요.

보기

▶ 건물에 적힌 수만큼만 다리를 연결할 수 있습니다.
▶ 대각선 방향에 놓인 건물 사이는 연결할 수 없습니다.

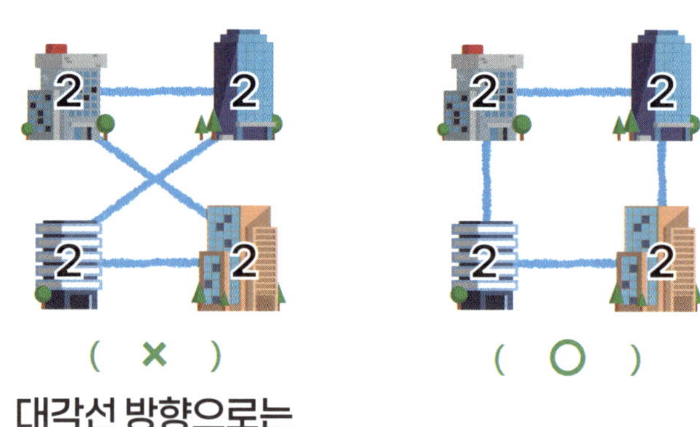


대각선 방향으로는
연결할 수 없습니다.

❶

**3** [보기]와 같이 규칙에 따라 숨겨진 위치를 찾아봅시다. 보물이 있는 곳에는 ○표, 없는 곳에는 ×표 해 보세요.

▶ 칸에 적힌 숫자는 주변에 숨겨진 보물의 개수를 나타냅니다.
▶ 숫자가 적힌 칸에는 보물이 없습니다.

| × | × | × |
|---|---|---|
| × | 1 | × |
| ○ | × | × |

| ○ | ○ | 2 |
|---|---|---|
| 4 | ○ | × |
| ○ | × | 1 |

❶

|   | 3 |   |
|---|---|---|
|   |   | 2 |
| 2 | 3 |   |

❷

| 1 |   |   |
|---|---|---|
|   |   | 3 |
| 1 | 2 |   |

**❸**

| 1 |   | 1 |   |
|---|---|---|---|
|   |   |   | 0 |
| 0 |   | 1 | 1 |
|   |   |   | 1 |

**❹**

| 0 | 1 | 1 |   |
|---|---|---|---|
|   | 1 |   |   |
|   | 2 | 2 | 2 |
|   | 1 |   | 1 |

**❺**

|   | 2 |   |   |
|---|---|---|---|
|   |   |   | 2 |
| 2 |   |   |   |
|   | 0 |   | 1 |

**❻**

| 3 |   | 2 |   |
|---|---|---|---|
|   |   |   |   |
|   |   | 3 |   |
| 1 |   |   | 2 |

# 규칙으로 빈칸을 유추해요

**1** [보기]와 같이 규칙에 따라 숨겨진 위치를 찾아봅시다. 보물이 있는 곳에는 ○표, 없는 곳에는 ×표 해 보세요.

보기

▶ 깃발 하나당 하나의 보물이 숨겨져 있습니다.

▶ 보물은 깃발의 가로나 세로 바로 옆 칸에 숨겨져 있습니다.

▶ 주변에 적힌 숫자는 각 가로, 세로줄에 숨겨진 보물의 개수를 나타냅니다.

▶ 보물들은 가로, 세로, 대각선 어느 방향에서도 서로 이웃해 있지 않습니다.

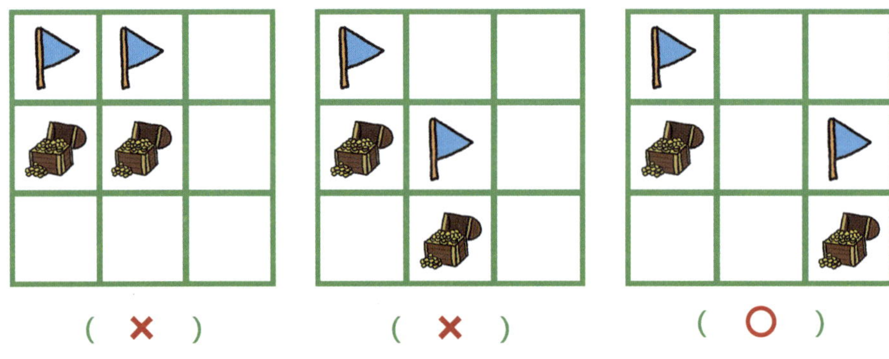

보물이 나란히
이웃하고 있습니다.

보물이 대각선으로
이웃하고 있습니다.

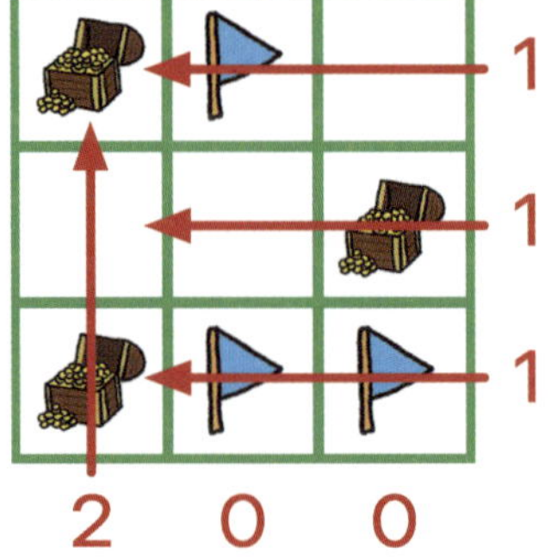

❶ 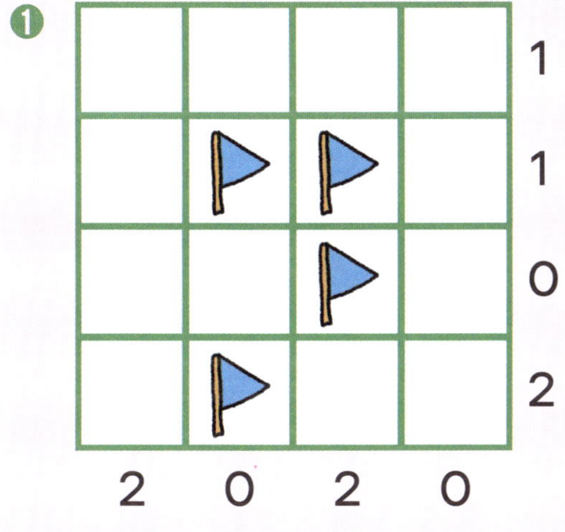

❷ 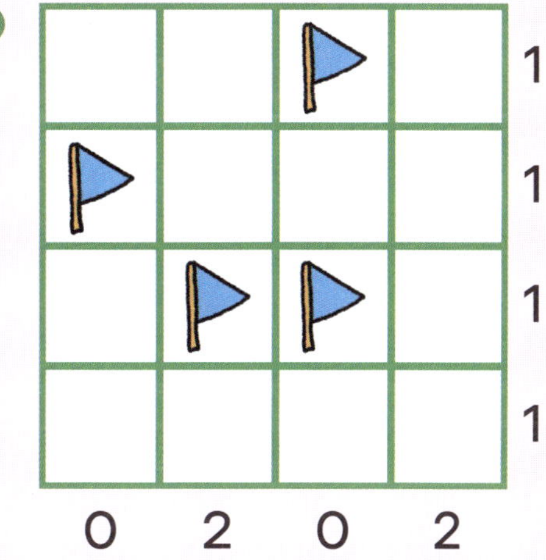

❸ 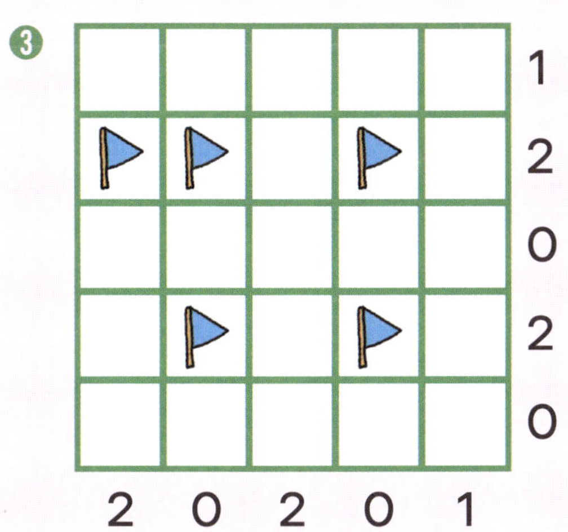

❹ 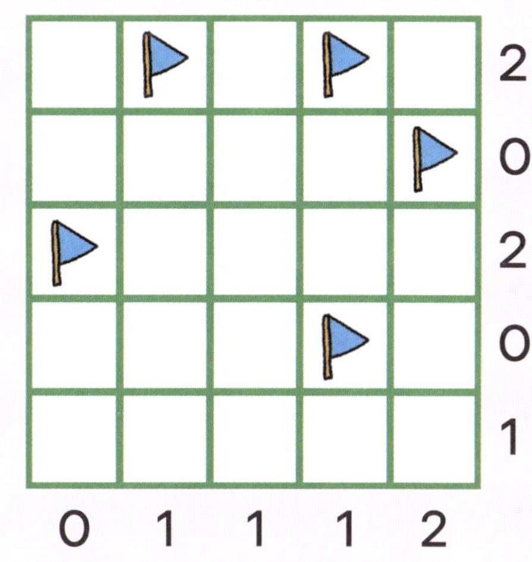

135

5
6
7
8
9
10

정답

**1 무엇이 반복되나요?**

# 반복되는 물건을 살펴요

월     일

12/13

**1** [보기]와 같이 반복되는 부분을 모두 찾아 ○표 해 보세요.

보기

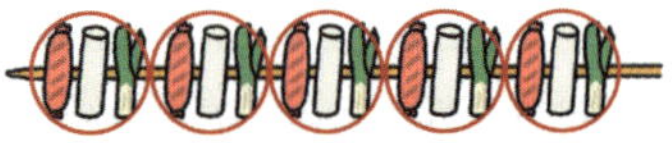

①

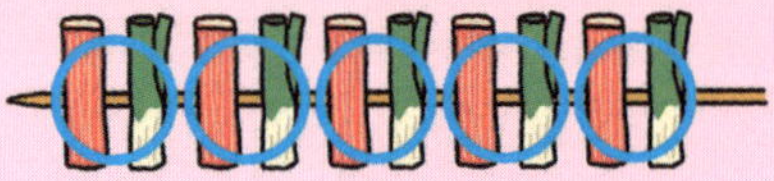

②

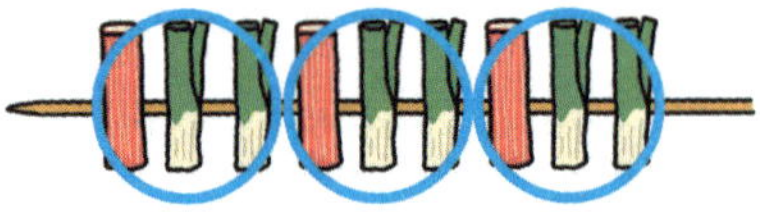

③

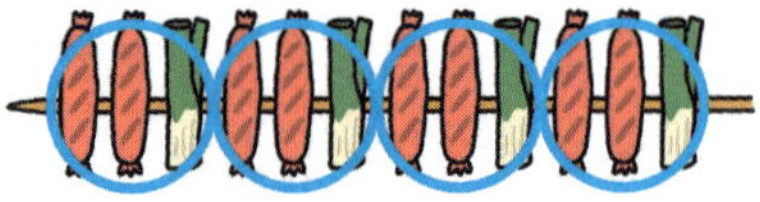

④

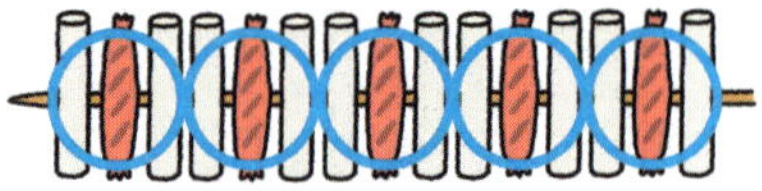

---



월     일

14/15

**2** 규칙에 따라 테이프를 자르려고 합니다. 반복되는 부분을 모두 찾아 선을 그어 보세요.

보기

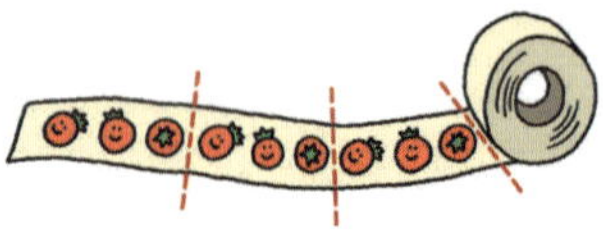

①

②

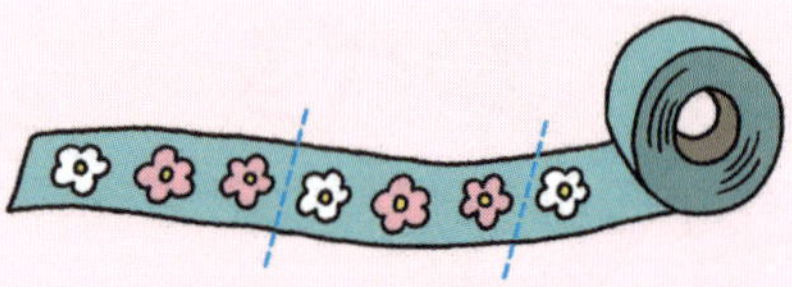

③

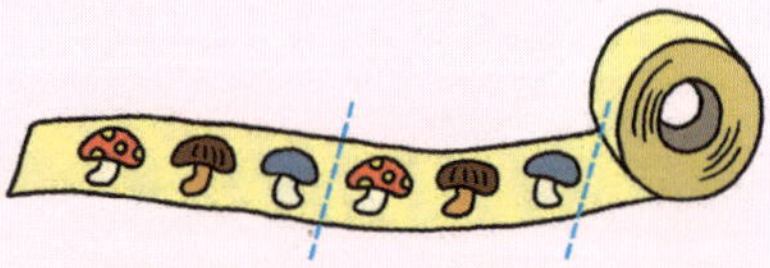

④

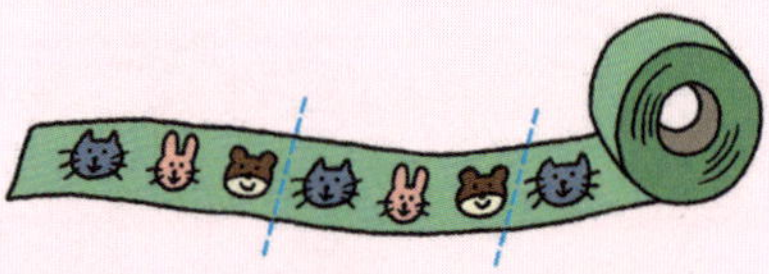

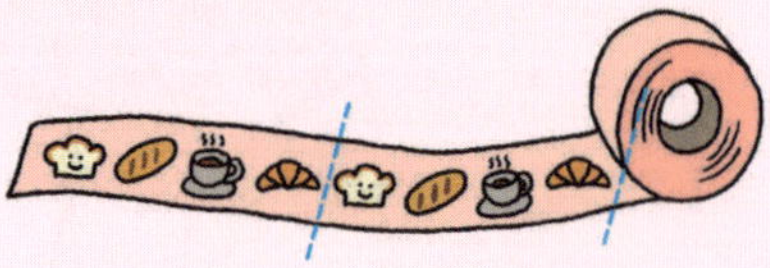

응용력이 커지는 STEP 2

## 반복되는 무늬를 살펴요

월 일

1 [보기]와 같이 알맞은 무늬 조각의 번호를 빈칸에 써 보세요.

보기

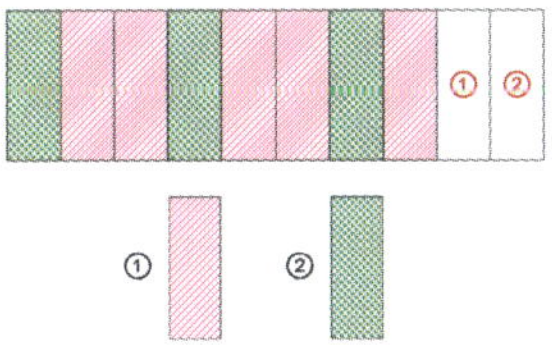


❶

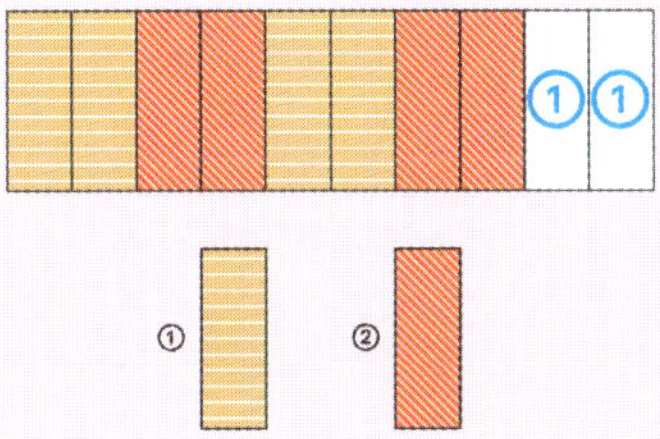


❷

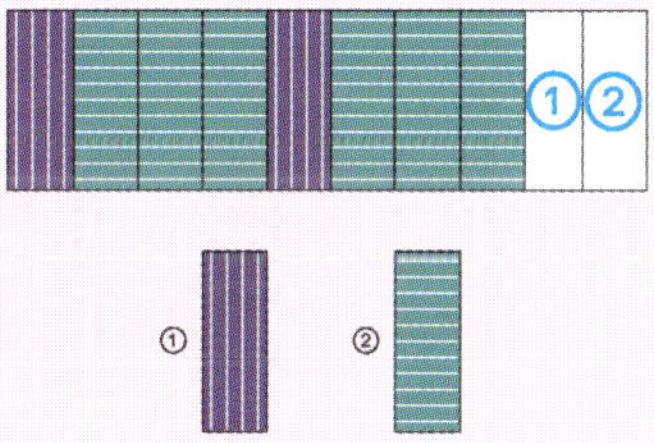


❸

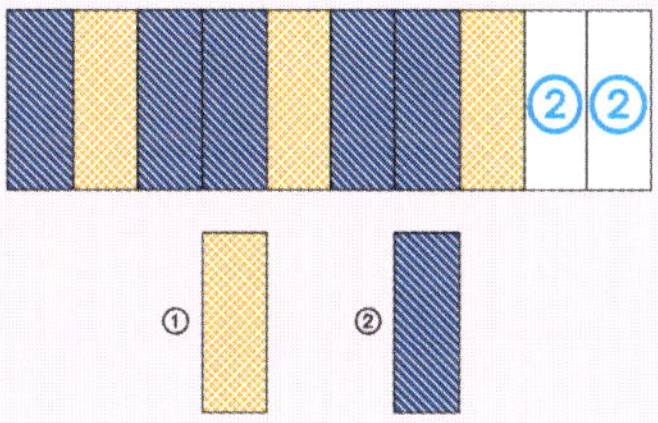


16
17

응용력이 커지는 STEP 2

월 일

2 규칙에 따라 알맞은 색을 빈칸에 색칠해 보세요.

❶

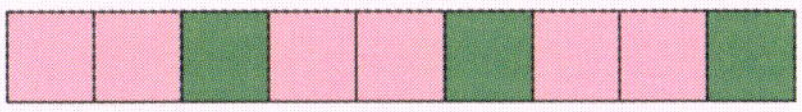

❷

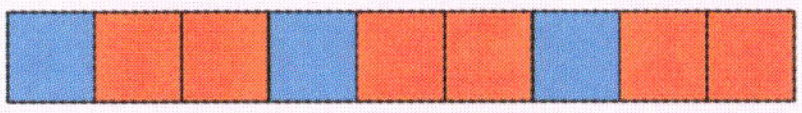

❸

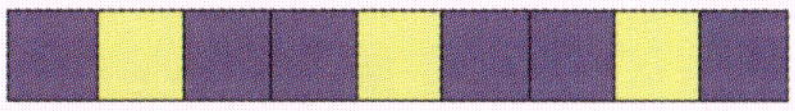

❹

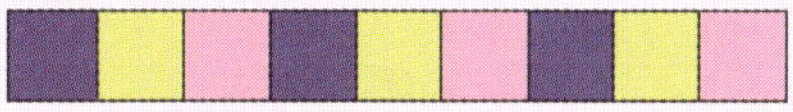

18
19

월 ⬛ 일

**3** 규칙에 따라 옷을 빨랫줄에 널었습니다. 알맞은 옷의 번호를 빈칸에 써 보
세요.

20
21

❶

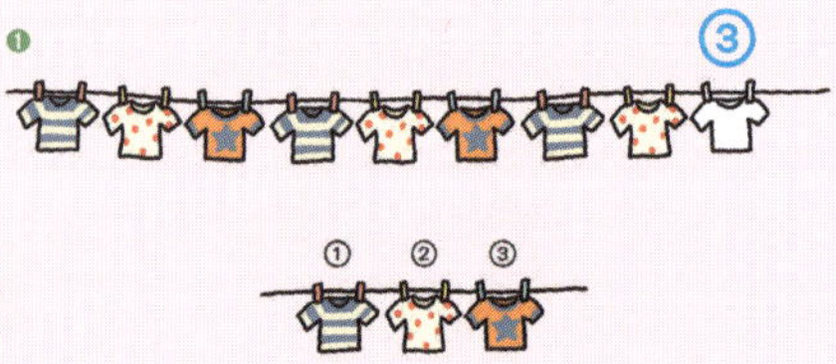

③

① ② ③

❸

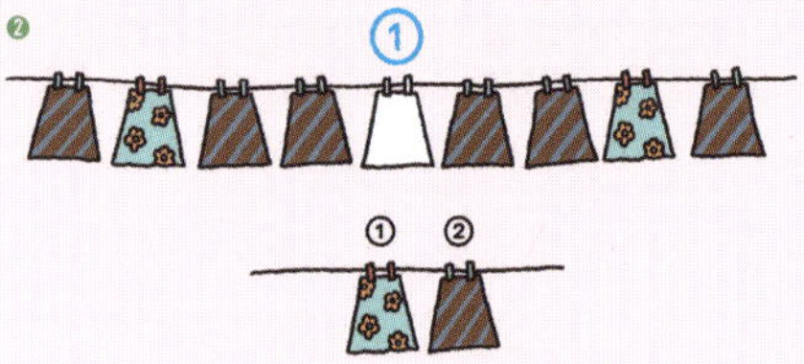

①

① ②

❷

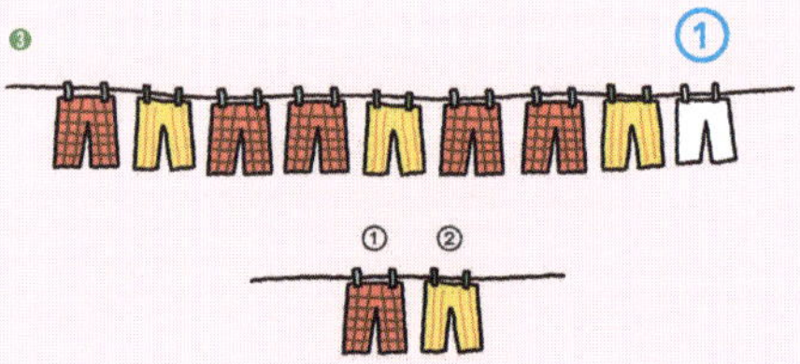

①

① ②

❹

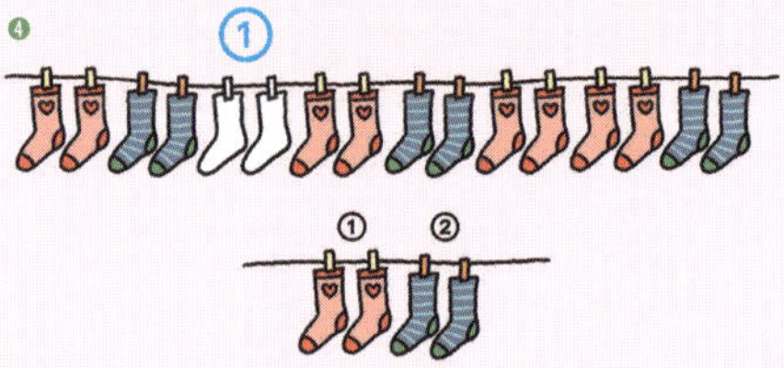

①

① ②



# 모양과 크기를 함께 살펴요

월 ⬛ 일

**1** [보기]와 같이 구슬을 한 줄 잇기로 연결해 보세요. (단, 모양은 위, 아래,
양옆끼리 연결하며 한 번 연결했던 모양은 다시 연결할 수 없습니다.)

보기

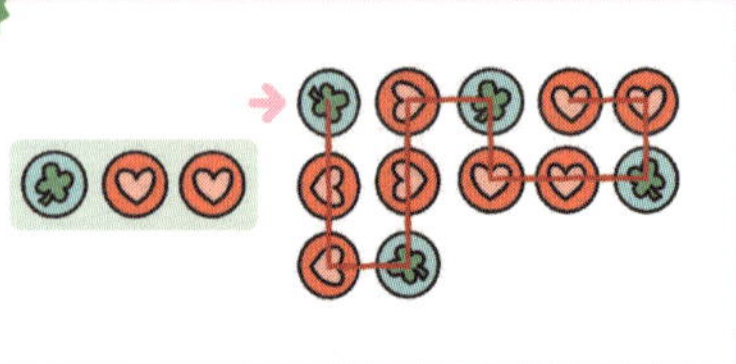

22
23

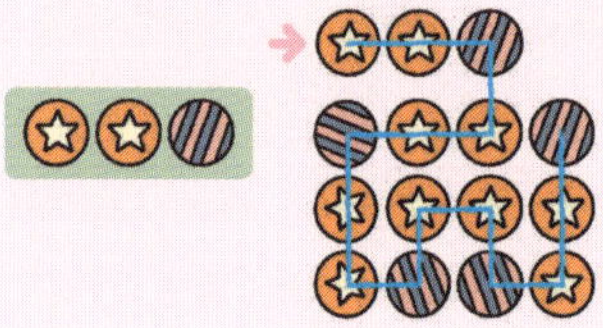

❷

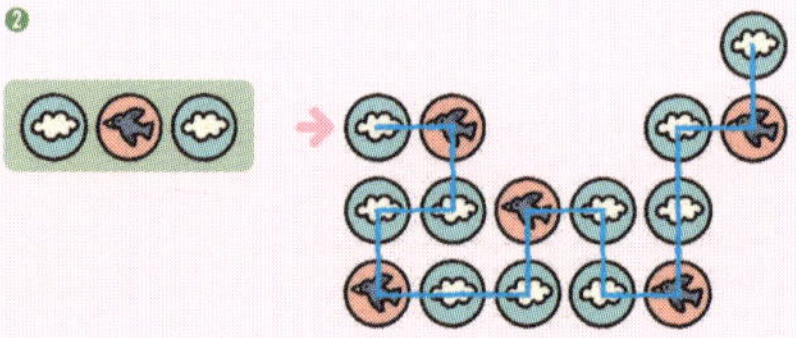

❸

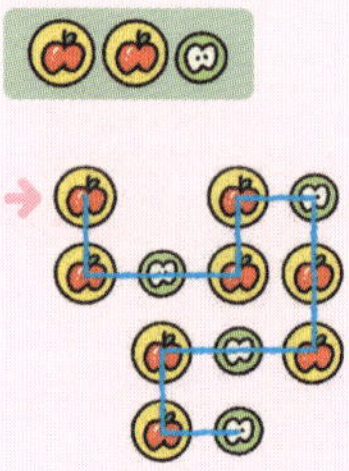

❹

❶

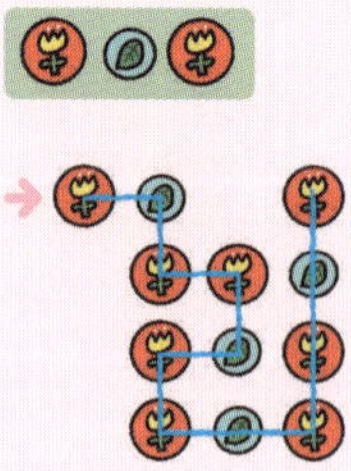

❷ 자리가 계속 바뀌어요
# 움직이는 순서를 찾아요

월    일

1 [보기]와 같이 규칙에 따라 두더지가 움직이고 있습니다. 마지막으로 두더
지가 나올 자리에 V표 해 보세요.

보기

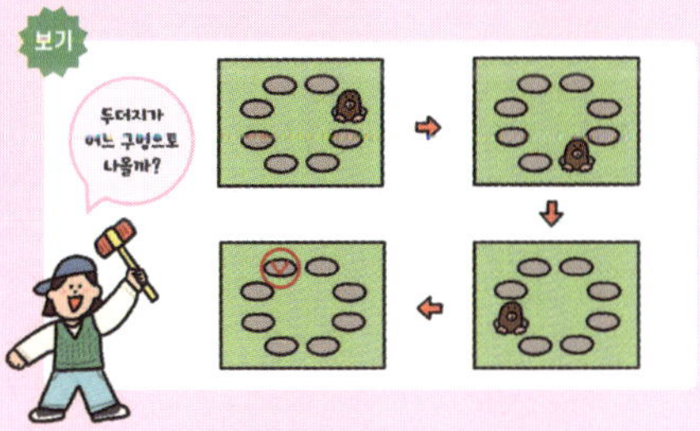

❶

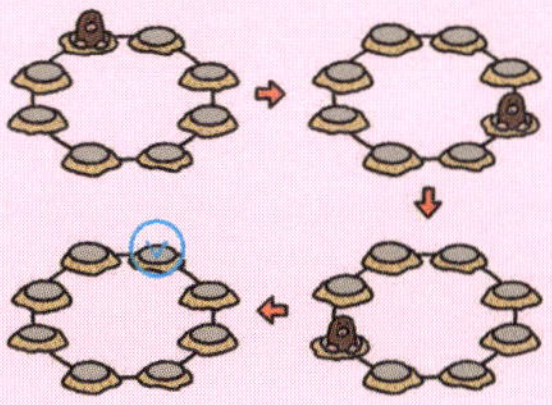

❷

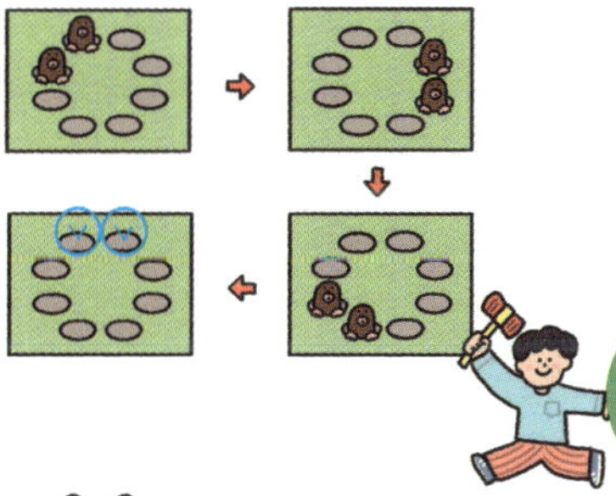

❸

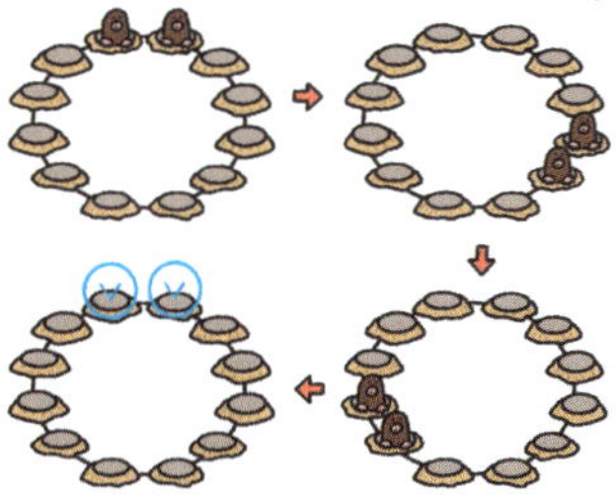

24/25

---



월    일

2 규칙에 따라 마지막으로 불이 들어오는 전구에 ○표 해 보세요.

❶

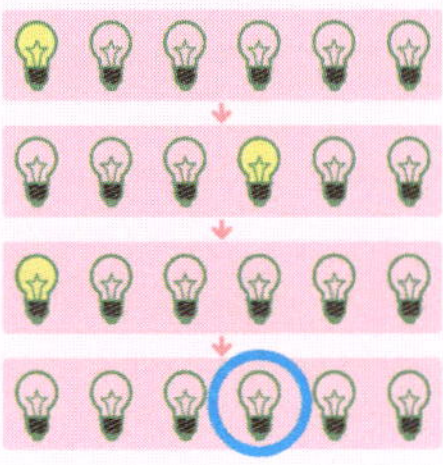

❷

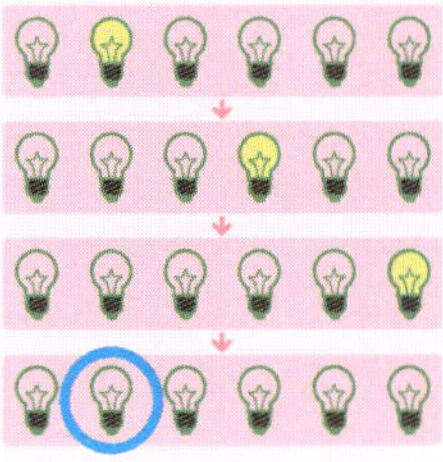

❸

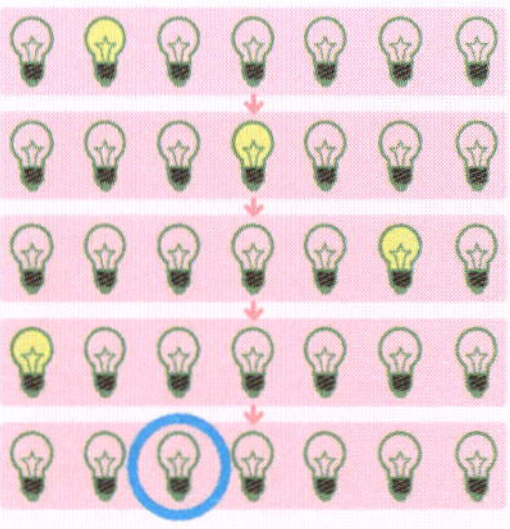

❹

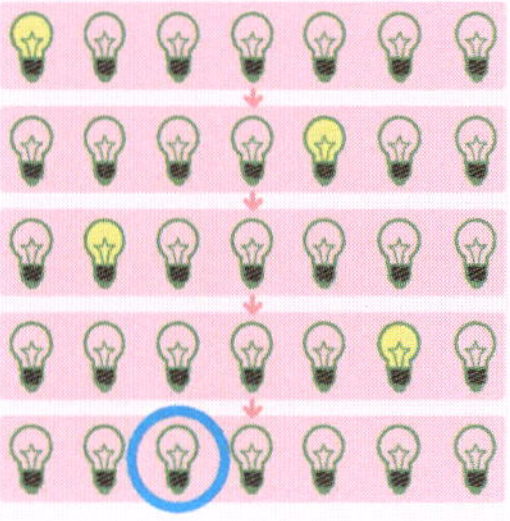

26/27

## 움직이는 규칙을 찾아요

월   일

**1** 규칙에 따라 모양이 움직이고 있습니다. 마지막에는 각 모양이 어디에 있을지 그려 넣어 보세요.

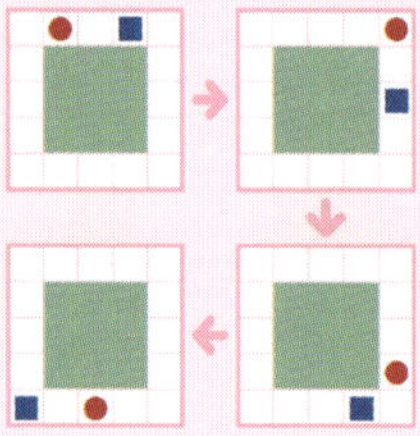

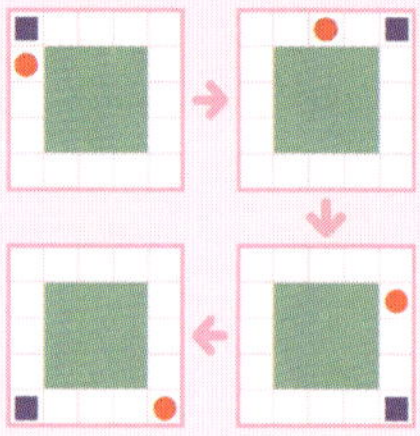

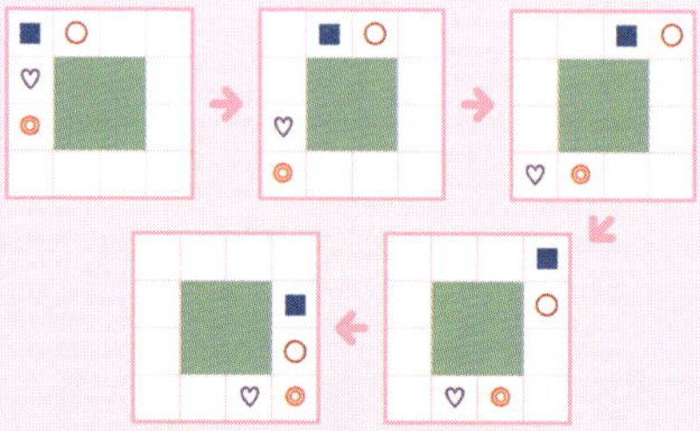

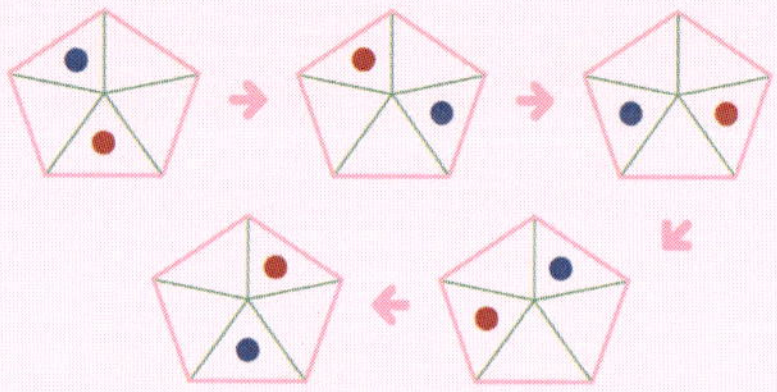

월   일

**2** 규칙에 따라 피에로가 자리 바꾸기를 하고 있습니다. 마지막에는 각 피에로가 어느 자리에 있을지 색칠해 보세요.

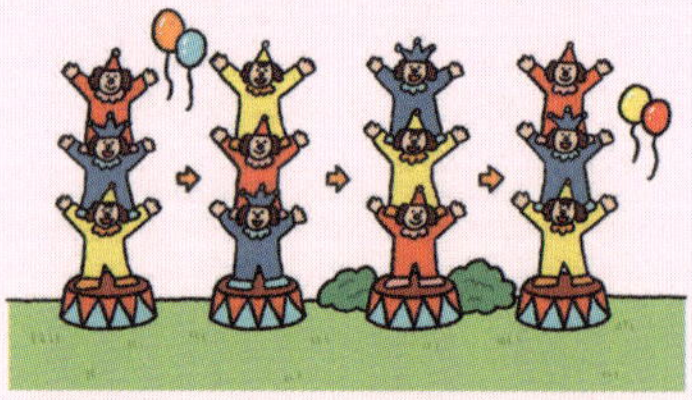

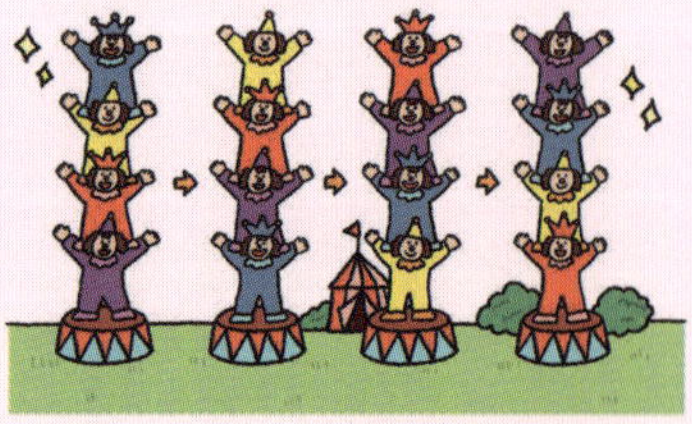

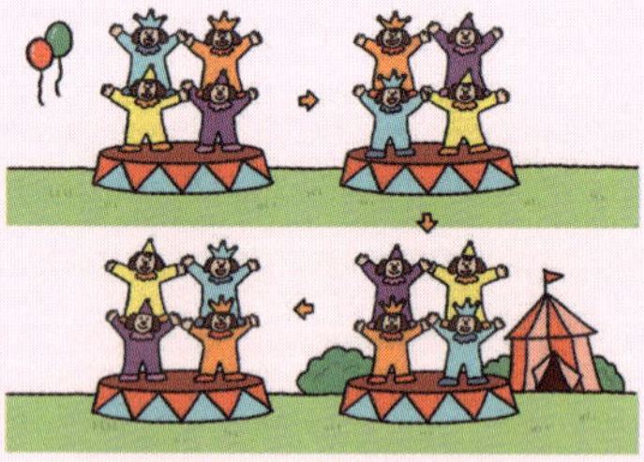

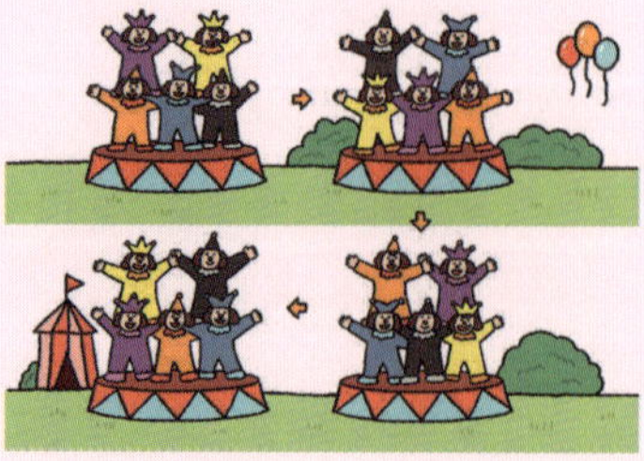

응용력이 커지는 STEP 2

월 일

3 규칙에 따라 숫자들이 이동하고 있습니다. 마지막에는 각 숫자들이 어디에 있을지 빈칸에 써 보세요.

❶

| | | | |
|---|---|---|---|
| 1 | 2 | 3 | 4 |
| 5 | 6 | 7 | 8 |
| 9 | 10 | 11 | 12 |
| 13 | 14 | 15 | 16 |

→

| | | | |
|---|---|---|---|
| 13 | 14 | 15 | 16 |
| 1 | 2 | 3 | 4 |
| 5 | 6 | 7 | 8 |
| 9 | 10 | 11 | 12 |

↓

| | | | |
|---|---|---|---|
| 9 | 10 | 11 | 12 |
| 13 | 14 | 15 | 16 |
| 1 | 2 | 3 | 4 |
| 5 | 6 | 7 | 8 |

←

| | | | |
|---|---|---|---|
| 5 | 6 | 7 | 8 |
| 9 | 10 | 11 | 12 |
| 13 | 14 | 15 | 16 |
| 1 | 2 | 3 | 4 |

❷

| | | | |
|---|---|---|---|
| 1 | 2 | 3 | 4 |
| 5 | 6 | 7 | 8 |
| 9 | 10 | 11 | 12 |
| 13 | 14 | 15 | 16 |

→

| | | | |
|---|---|---|---|
| 4 | 1 | 2 | 3 |
| 8 | 5 | 6 | 7 |
| 12 | 9 | 10 | 11 |
| 16 | 13 | 14 | 15 |

↓

| | | | |
|---|---|---|---|
| 3 | 4 | 1 | 2 |
| 7 | 8 | 5 | 6 |
| 11 | 12 | 9 | 10 |
| 15 | 16 | 13 | 14 |

←

| | | | |
|---|---|---|---|
| 2 | 3 | 4 | 1 |
| 6 | 7 | 8 | 5 |
| 10 | 11 | 12 | 9 |
| 14 | 15 | 16 | 13 |

❸

| | | | |
|---|---|---|---|
| 1 | 2 | 3 | 4 |
| 5 | 6 | 7 | 8 |
| 9 | 10 | 11 | 12 |
| 13 | 14 | 15 | 16 |

→

| | | | |
|---|---|---|---|
| 5 | 6 | 7 | 8 |
| 9 | 10 | 11 | 12 |
| 13 | 14 | 15 | 16 |
| 1 | 2 | 3 | 4 |

↓

| | | | |
|---|---|---|---|
| 9 | 10 | 11 | 12 |
| 13 | 14 | 15 | 16 |
| 1 | 2 | 3 | 4 |
| 5 | 6 | 7 | 8 |

←

| | | | |
|---|---|---|---|
| 13 | 14 | 15 | 16 |
| 1 | 2 | 3 | 4 |
| 5 | 6 | 7 | 8 |
| 9 | 10 | 11 | 12 |

❹

| | | | |
|---|---|---|---|
| 5 | 6 | 7 | 8 |
| 9 | 10 | 11 | 12 |
| 13 | 14 | 15 | 16 |
| 17 | 18 | 19 | 20 |

→

| | | | |
|---|---|---|---|
| 6 | 7 | 8 | 5 |
| 10 | 11 | 12 | 9 |
| 14 | 15 | 16 | 13 |
| 18 | 19 | 20 | 17 |

↓

| | | | |
|---|---|---|---|
| 7 | 8 | 5 | 6 |
| 11 | 12 | 9 | 10 |
| 15 | 16 | 13 | 14 |
| 19 | 20 | 17 | 18 |

←

| | | | |
|---|---|---|---|
| 8 | 5 | 6 | 7 |
| 12 | 9 | 10 | 11 |
| 16 | 13 | 14 | 15 |
| 20 | 17 | 18 | 19 |

32
33

창의력이 샘솟는 STEP 3

## 규칙에 맞게 색을 칠해요

월 일

1 규칙에 따라 색깔 조각이 움직이고 있습니다. 마지막에는 각 색깔 조각이 어디에 있을지 색칠해 보세요.

❶

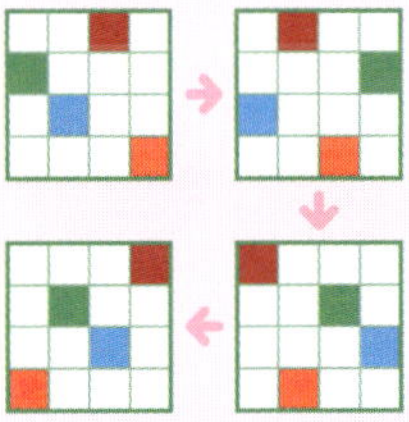

❷

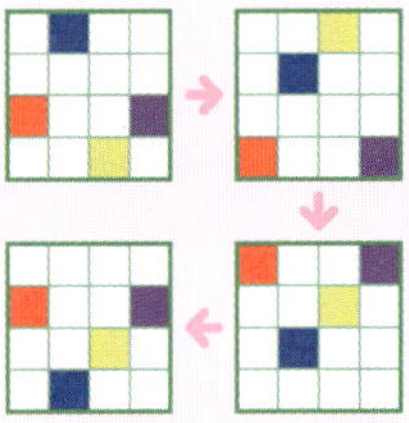

❸

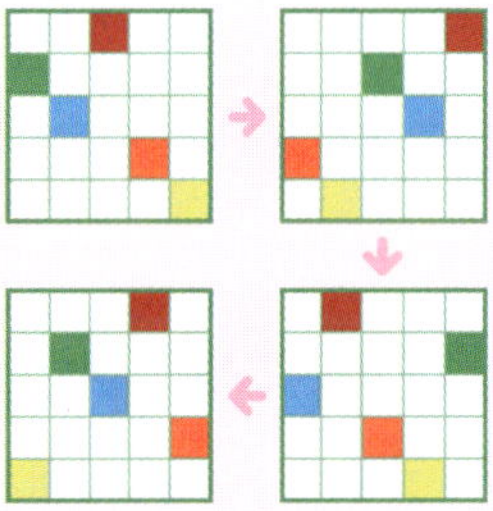

❹

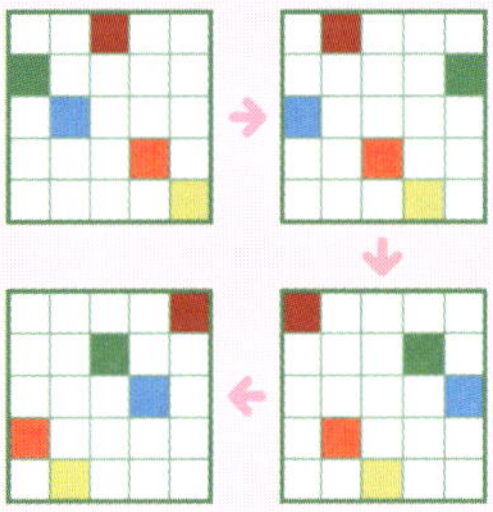

34
35

❸ 늘거나 줄거나
# 늘어날까 줄어들까?

월 일

1  [보기]와 같이 규칙에 따라 넷째 날에 먹을 초콜릿에 ○표 해 보세요.

보기

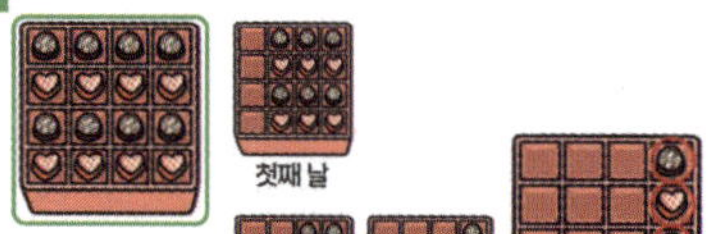

첫째 날

둘째 날  셋째 날  넷째 날

❶
첫째 날

둘째 날  셋째 날

넷째 날

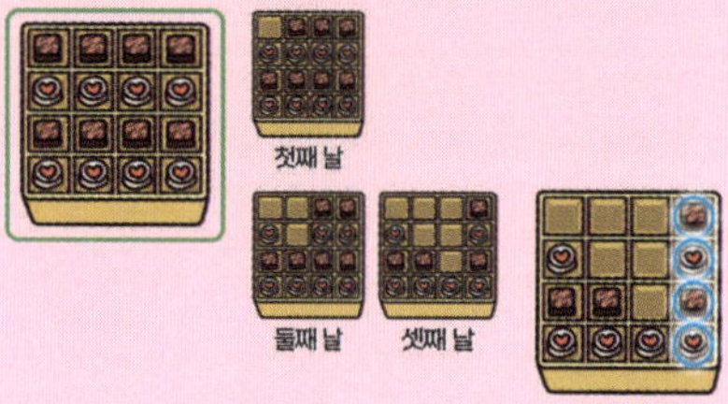

❷
첫째 날

둘째 날  셋째 날  넷째 날

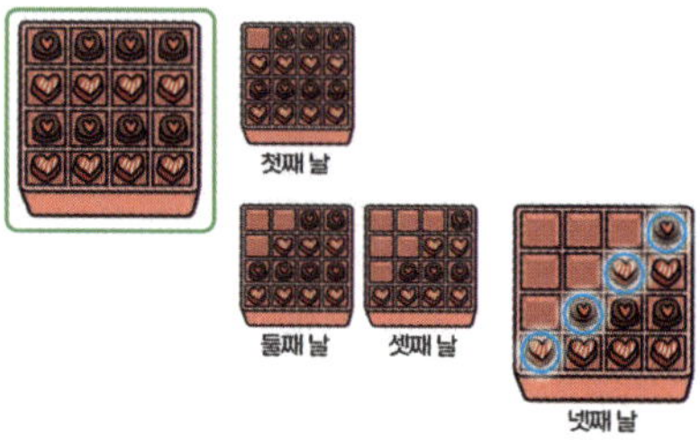

❸
첫째 날 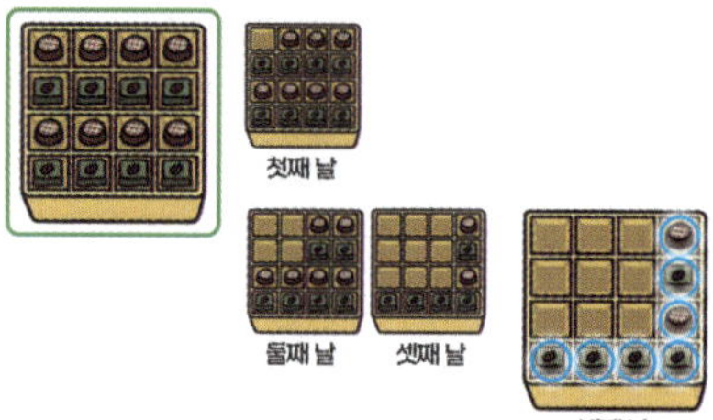

둘째 날  셋째 날

넷째 날

36 / 37

---



월 일

2  규칙에 따라 다섯째를 쌓으려면 쌓기나무가 몇 개 필요할지 빈칸에 써 보세요.

❶
첫째  둘째  셋째  넷째

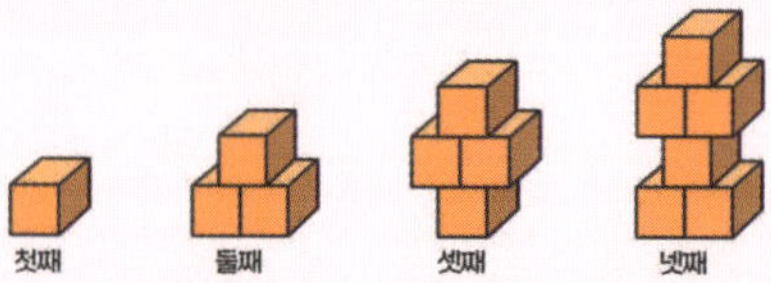

쌓기나무  7  개

❷
첫째  둘째  셋째  넷째

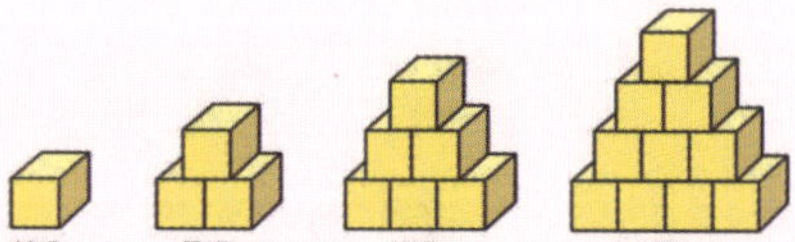

쌓기나무  15  개

❸
첫째  둘째  셋째  넷째

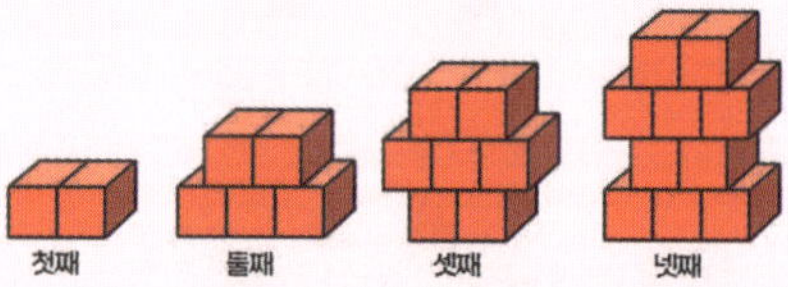

쌓기나무  12  개

❹
첫째  둘째  셋째  넷째

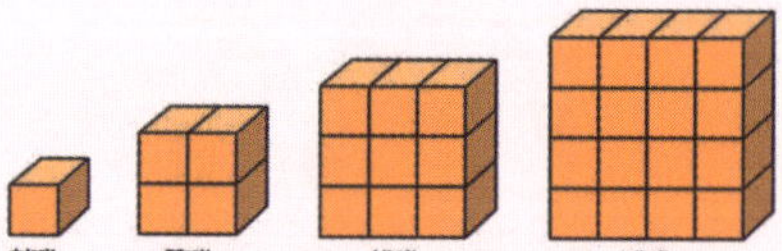

쌓기나무  25  개

38 / 39

# 몇 개씩 늘거나 줄어들까?

월    일

**1** 회수는 규칙에 따라 모양을 만들고 있습니다.

❶ 빈칸에 알맞은 모양을 그리고 나무 막대가 몇 개 필요한지 구하세요.

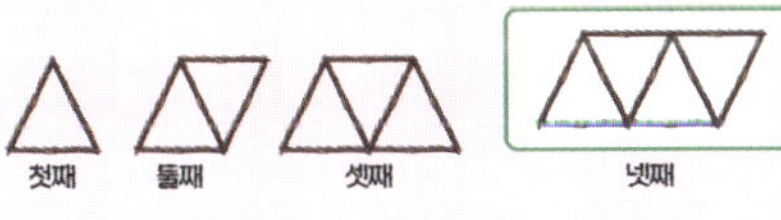

| | 첫째 | 둘째 | 셋째 | 넷째 |
|---|---|---|---|---|
| 나무 막대 개수 | 3 | 5 | 7 | 9 |

❷ ❶에서 찾은 규칙을 다음과 같이 글로 나타내었습니다. 빈칸에 알맞은 수를 써 보세요.

> 첫째에는 3개, 둘째에는 5개, 셋째에는 7개,
> 넷째에는 ( 9 )개 나무 막대가 놓인다.
> 놓이는 나무 막대가 ( 2 )개씩 늘어난다는
> 규칙을 찾을 수 있다.

❸ 빈칸에 알맞은 모양을 그리고 나무 막대가 몇 개 필요한지 구하세요.

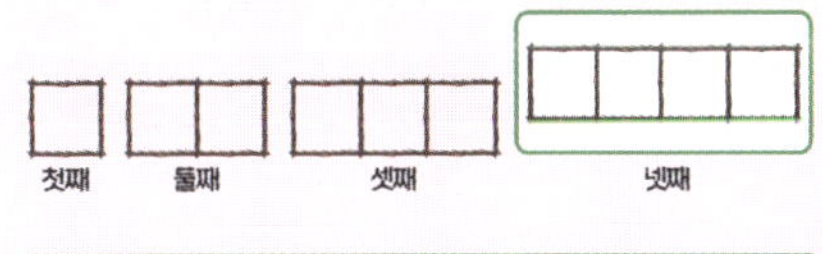

| | 첫째 | 둘째 | 셋째 | 넷째 |
|---|---|---|---|---|
| 나무 막대 개수 | 4 | 7 | 10 | 13 |

❹ ❸에서 찾은 규칙을 다음과 같이 글로 나타내었습니다. 빈칸에 알맞은 수를 써 보세요.

> 첫째에는 4개, 둘째에는 7개, 셋째에는 10개,
> 넷째에는 ( 13 )개 나무 막대가 놓인다.
> 놓이는 나무 막대가 ( 3 )개씩 늘어난다는
> 규칙을 찾을 수 있다.

**40 / 41**

---



월    일

**2** △ 모양 패턴 블록을 이용해 큰 세모를 만들었습니다. 패턴 블록이 줄어드는 규칙을 찾아 보세요.

❶ 넷째에 가져간 패턴 블록의 개수는 몇 개인지 구하고, 가져간 후 남은 모양도 그려 보세요.

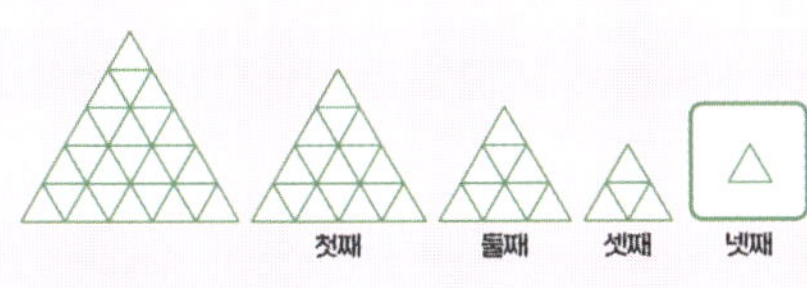

| | 첫째 | 둘째 | 셋째 | 넷째 |
|---|---|---|---|---|
| 가져간 패턴 블록의 개수 | 9 | 7 | 5 | 3 |

❷ 가져간 패턴 블록의 개수에서 찾은 규칙을 다음과 같이 글로 나타내었습니다. 빈칸에 알맞은 수를 써 보세요.

**3** ☐ 모양 패턴 블록을 이용해 큰 네모를 만들었습니다. 패턴 블록이 줄어드는 규칙을 찾아 보세요.

❶ 넷째에 가져간 패턴 블록의 개수는 몇 개인지 구하고, 가져간 후 남은 모양도 그려 보세요.

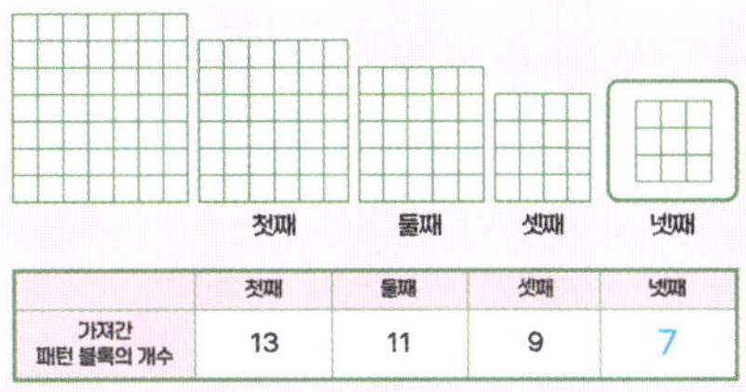

| | 첫째 | 둘째 | 셋째 | 넷째 |
|---|---|---|---|---|
| 가져간 패턴 블록의 개수 | 13 | 11 | 9 | 7 |

❷ 가져간 패턴 블록의 개수에서 찾은 규칙을 다음과 같이 글로 나타내었습니다. 빈칸에 알맞은 수를 써 보세요.

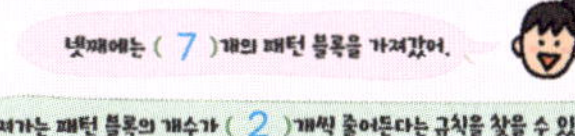


**42 / 43**

**4** 꿀벌이 벌집에서 차례로 날아가고 있습니다. 규칙에 따라 빈칸에 알맞은 수를 써 보세요.

❶
첫째 · 둘째 · 셋째 · 넷째

| | 첫째 | 둘째 | 셋째 | 넷째 | 다섯째 |
|---|---|---|---|---|---|
| 빈 벌집(칸) | 1 | 3 | 4 | 6 | 7 |
| 남은 꿀벌(마리) | 9 | 7 | 6 | 4 | 3 |

❷
첫째 · 둘째 · 셋째 · 넷째

| | 첫째 | 둘째 | 셋째 | 넷째 | 다섯째 |
|---|---|---|---|---|---|
| 빈 벌집(칸) | 3 | 6 | 9 | 12 | 15 |
| 남은 꿀벌(마리) | 15 | 12 | 9 | 6 | 3 |

❸
첫째 · 둘째 · 셋째 · 넷째

| | 첫째 | 둘째 | 셋째 | 넷째 | 다섯째 |
|---|---|---|---|---|---|
| 빈 벌집(칸) | 1 | 3 | 6 | 10 | 15 |
| 남은 꿀벌(마리) | 20 | 18 | 15 | 11 | 6 |

❹
첫째 · 둘째 · 셋째 · 넷째

| | 첫째 | 둘째 | 셋째 | 넷째 | 다섯째 |
|---|---|---|---|---|---|
| 빈 벌집(칸) | 1 | 4 | 9 | 16 | 25 |
| 남은 꿀벌(마리) | 35 | 32 | 27 | 20 | 11 |



## 어떤 모양이 되어 갈까?

월    일

**1** △ 모양 패턴 블록으로 만든 마름모꼴을 ◢ 모양 패턴 블록으로 채워 가고 있습니다. 표의 빈칸에 알맞은 수를 써 보세요.

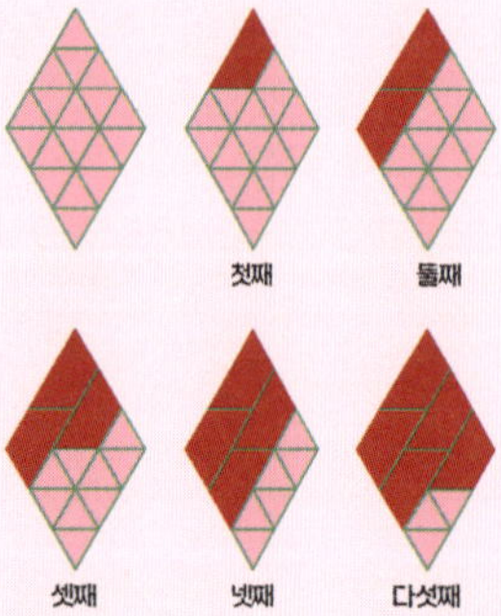

첫째 · 둘째
셋째 · 넷째 · 다섯째

| | 첫째 | 둘째 | 셋째 | 넷째 | 다섯째 |
|---|---|---|---|---|---|
| △ 모양 패턴 블록의 개수 | 15 | 12 | 9 | 6 | 3 |
| ◢ 모양 패턴 블록의 개수 | 1 | 2 | 3 | 4 | 5 |

**2** △ 모양 패턴 블록으로 만든 평행사변형을 ◢ 모양 패턴 블록으로 채워 가고 있습니다. 표의 빈칸에 알맞은 수를 써 보세요.

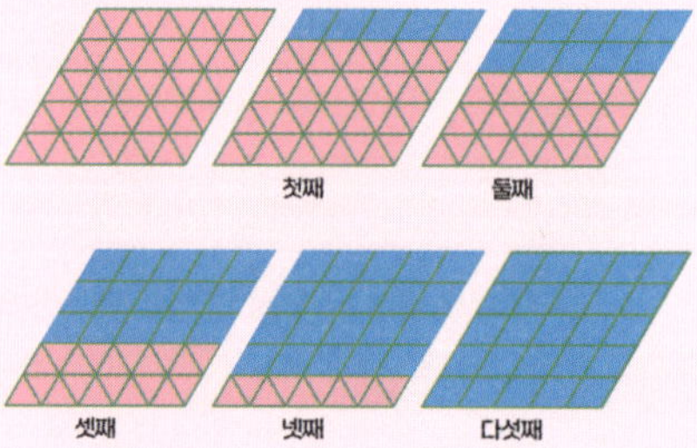

첫째 · 둘째
셋째 · 넷째 · 다섯째

| | 첫째 | 둘째 | 셋째 | 넷째 | 다섯째 |
|---|---|---|---|---|---|
| △ 모양 패턴 블록의 개수 | 40 | 30 | 20 | 10 | 0 |
| ◢ 모양 패턴 블록의 개수 | 5 | 10 | 15 | 20 | 25 |

생각이 자라는 STEP 1

④ 여러 규칙이 섞여 있어요

## 규칙에 따라 제자리에 놓아요

월 일

1 규칙에 따라 바둑돌을 놓고 있습니다. 5단계에서 바둑돌을 어떻게 놓을지 색칠해 보세요.

❶

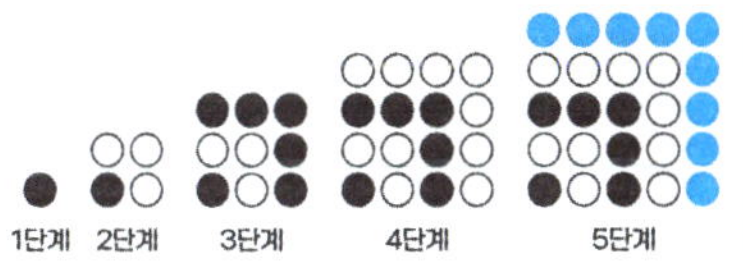
1단계
2단계
3단계
4단계
5단계

❷

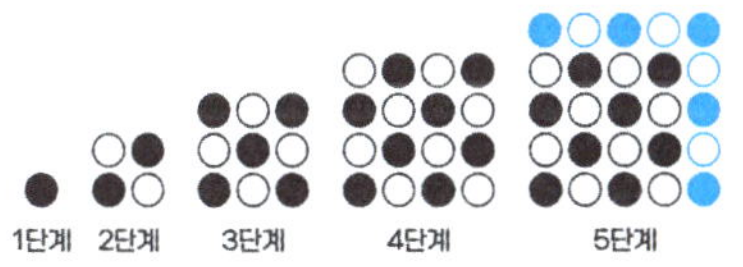
1단계
2단계
3단계
4단계
5단계

❸

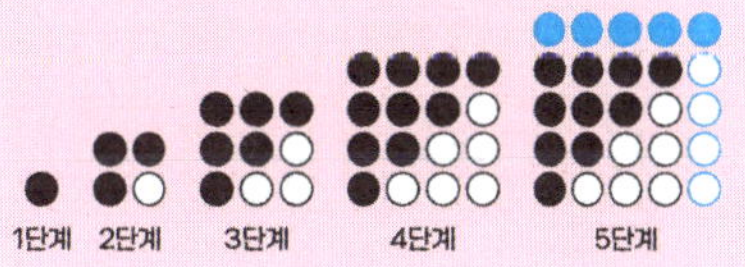
1단계
2단계
3단계
4단계
5단계

❹

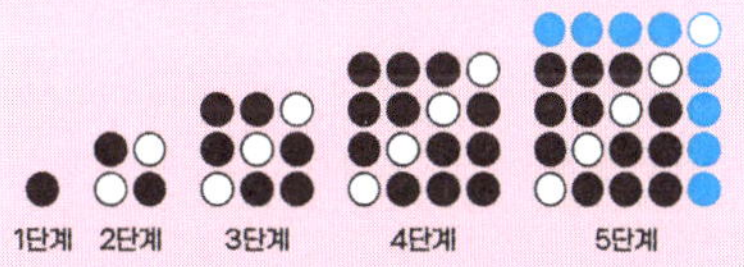
1단계
2단계
3단계
4단계
5단계

48
49

생각이 자라는 STEP 1

월 일

2 규칙에 따라 5단계에 올 모양에는 몇 개의 쌓기나무가 필요할지 빈칸에 써 보세요.

❶

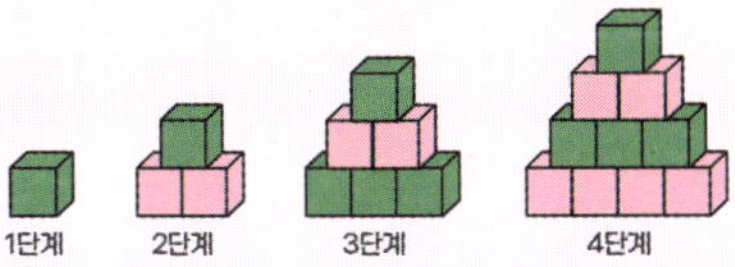
1단계
2단계
3단계
4단계

5단계 9 개 6 개

❷

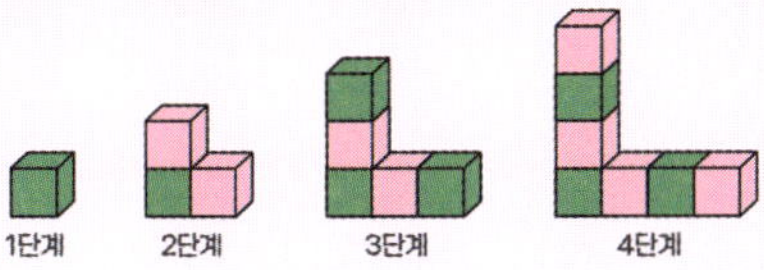
1단계
2단계
3단계
4단계

5단계 5 개 4 개

❸

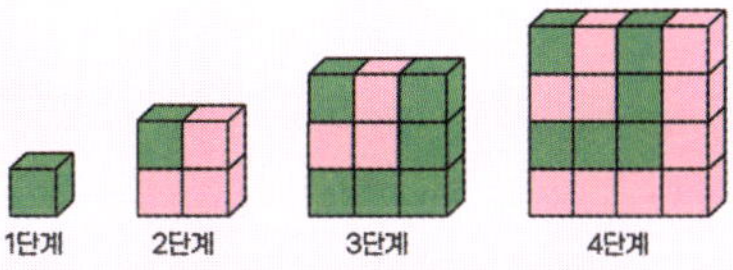
1단계
2단계
3단계
4단계

5단계 15 개 10 개

❹

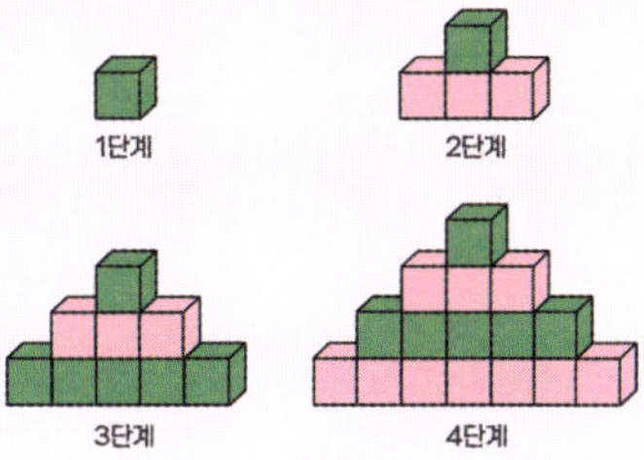
1단계
2단계
3단계
4단계

5단계 15 개 10 개

50
51

# 2 규칙을 말로 설명해요

월    일

1 다음 호텔 창문에서 규칙을 찾아 문제를 해결해 보세요.

2층

1층

**52 / 53**

❶ 불 켜진 창문 █는 ○로, 불 꺼진 창문 █는 ●로 나타냅니다. 규칙에 따라 빈칸에 ○, ●를 써 보세요.

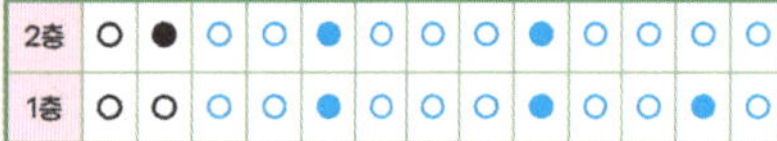

❷ 찾은 규칙을 다음과 같이 글로 나타내었습니다. 빈칸에 알맞은 수를 써 보세요.

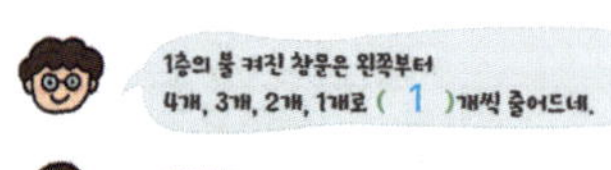


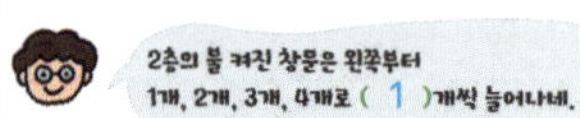


---



월    일

2 검은색, 흰색 바둑알을 서로 다른 규칙에 따라 모양판에 놓고 있습니다.

**54 / 55**

❶ 각 규칙에 따라 마지막에 놓일 자리를 찾아 표시해 보세요.

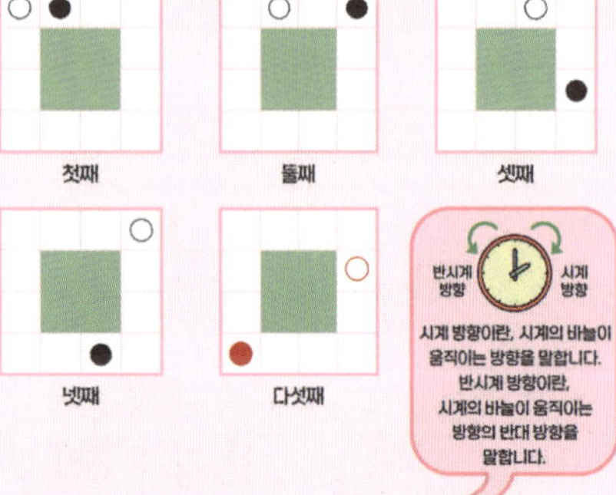

첫째    둘째    셋째

넷째    다섯째



❷ ❶에서 찾은 규칙을 다음과 같이 글로 나타내었습니다. 빈칸에 알맞은 수를 써 보세요.

흰색 바둑알은 ↻시계 방향으로 ( 1 )칸씩 움직이고 있다.
검은색 바둑알은 ↻시계 방향으로 ( 2 )칸씩 움직이고 있다.

❸ 각 규칙에 따라 마지막에 놓일 자리를 찾아 표시해 보세요.

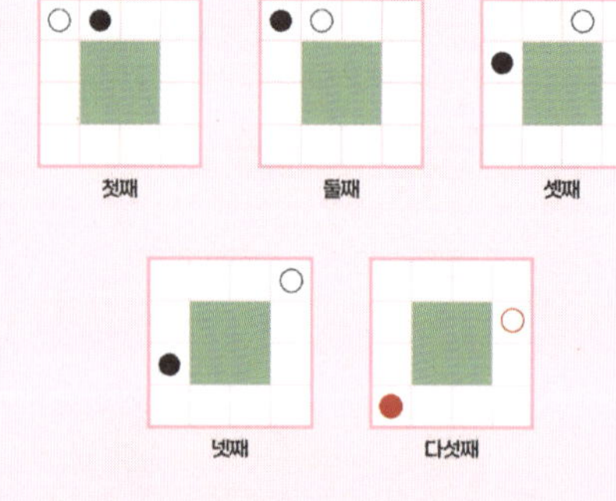

첫째    둘째    셋째

넷째    다섯째

❹ ❸에서 찾은 규칙을 다음과 같이 글로 나타내었습니다. 빈칸에 알맞은 수를 써 보세요.

흰색 바둑알은 ↻시계 방향으로 ( 1 )칸씩 움직이고 있다.
검은색 바둑알은 ↺반시계 방향으로 ( 1 )칸씩 움직이고 있다.

**3** [보기]와 같이 색깔 조각의 마지막 자리를 찾아 색칠해 보세요.

보기

▶ 빨간색 네모는 오른쪽으로 2칸,
　파란색 네모는 아래쪽으로 1칸 움직이고 있다.

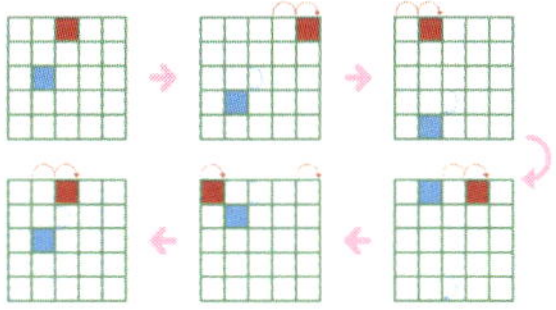

---



# 규칙을 문장으로 정리해요

월    일

**1** 흰색, 검은색 바둑알을 규칙에 따라 놓고 있습니다.

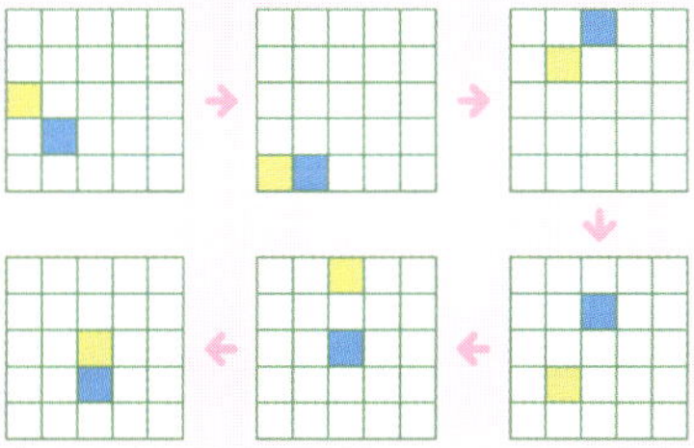

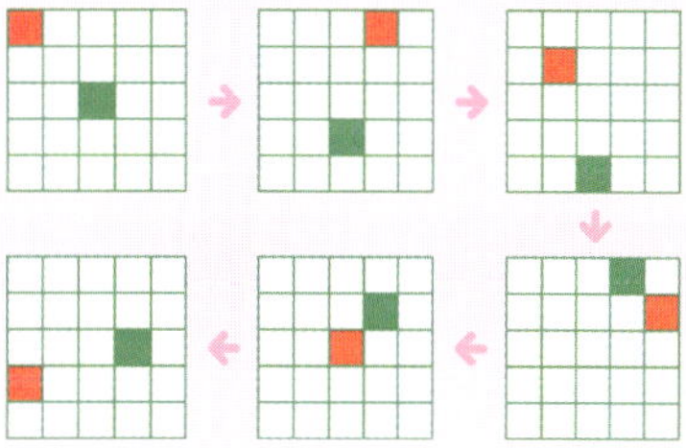

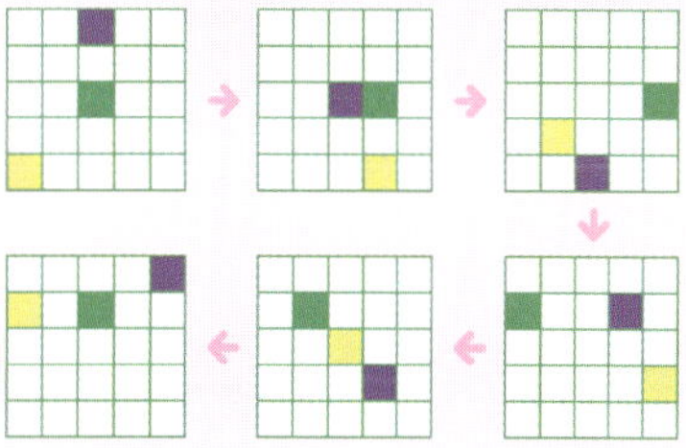

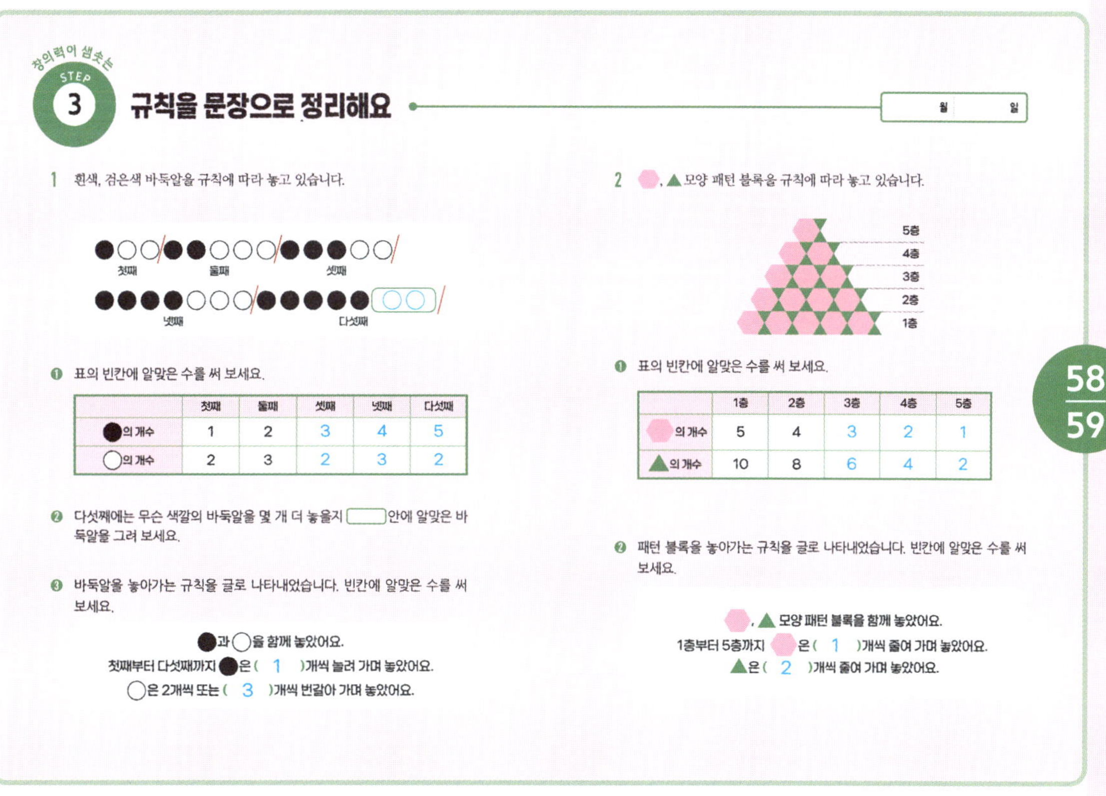

첫째　돌째　셋째

넷째　　다섯째

**①** 표의 빈칸에 알맞은 수를 써 보세요.

|  | 첫째 | 돌째 | 셋째 | 넷째 | 다섯째 |
|---|---|---|---|---|---|
| ●의 개수 | 1 | 2 | 3 | 4 | 5 |
| ○의 개수 | 2 | 3 | 2 | 3 | 2 |

**②** 다섯째에는 무슨 색깔의 바둑알을 몇 개 더 놓을지 [　　] 안에 알맞은 바둑알을 그려 보세요.

**③** 바둑알을 놓아가는 규칙을 글로 나타내었습니다. 빈칸에 알맞은 수를 써 보세요.

●과 ○을 함께 놓았어요.
첫째부터 다섯째까지 ●은 ( 1 )개씩 늘려 가며 놓았어요.
○은 2개씩 또는 ( 3 )개씩 번갈아 가며 놓았어요.

**2** ⬡, ▲ 모양 패턴 블록을 규칙에 따라 놓고 있습니다.

5층
4층
3층
2층
1층

**①** 표의 빈칸에 알맞은 수를 써 보세요.

|  | 1층 | 2층 | 3층 | 4층 | 5층 |
|---|---|---|---|---|---|
| ⬡의 개수 | 5 | 4 | 3 | 2 | 1 |
| ▲의 개수 | 10 | 8 | 6 | 4 | 2 |

**②** 패턴 블록을 놓아가는 규칙을 글로 나타내었습니다. 빈칸에 알맞은 수를 써 보세요.

⬡, ▲ 모양 패턴 블록을 함께 놓았어요.
1층부터 5층까지 ⬡은 ( 1 )개씩 줄여 가며 놓았어요.
▲은 ( 2 )개씩 줄여 가며 놓았어요.

❺ 수에도 숨어 있는 규칙

# 나열된 수에서 순서를 살펴요

월    일

**1** 뛰어세기 규칙에 어긋나는 연잎을 찾아 ×표 해 보세요.

보기
▶ 2씩 뛰어세기하고 있습니다.
1  3  ~~4~~  5  7  9

3  6  9  12  ~~13~~  15

5  10  15  20  ~~23~~  25

10  ~~15~~  20  30  40  50

**2** 뛰어세기 규칙에 따라 빈 바위에 알맞은 수를 써 보세요.

보기
▶ 2씩 뛰어세기하고 있습니다. 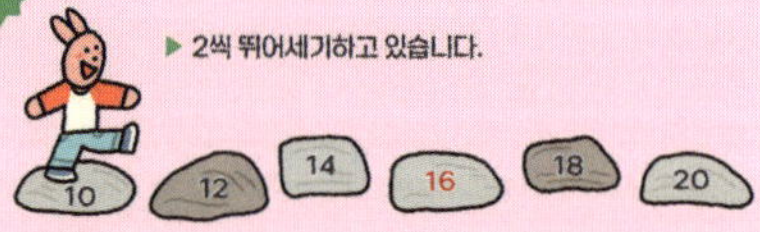
10  12  14  16  18  20

1  4  7  10  13  16

2  4  6  8  10  12

11  21  31  41  51  61

---



월    일

**3** 1부터 16까지의 수를 표 안에 늘어놓았습니다. 규칙에 따라 빈칸에 알맞은 수를 써 보세요.

❶

| 10 | 9 | 8 | 7 |
|----|---|---|---|
| 11 | 16 | 15 | 6 |
| 12 | 13 | 14 | 5 |
| 1 | 2 | 3 | 4 |

❸

| 7 | 4 | 2 | 1 |
|---|---|---|---|
| 11 | 8 | 5 | 3 |
| 14 | 12 | 9 | 6 |
| 16 | 15 | 13 | 10 |

❷

| 10 | 11 | 12 | 13 |
|----|----|----|----|
| 9 | 8 | 7 | 14 |
| 2 | 3 | 6 | 15 |
| 1 | 4 | 5 | 16 |



❹

| 1 | 2 | 5 | 10 |
|---|---|---|----|
| 4 | 3 | 6 | 11 |
| 9 | 8 | 7 | 12 |
| 16 | 15 | 14 | 13 |

응용력이 커지는
**STEP 2** 순서에 맞는 수를 찾아요

월 일

**1** [보기]와 같이 숫자 카드 한 장을 뺀 뒤 나머지 카드를 규칙에 따라 차례대로 나열해 보세요.

보기

| 11 | 14 | 16 | 12 | 18 |

→ | 12 | 14 | 16 | 18 |

**❷**

| 5 | 15 | 55 | 25 | 35 |

→ | 5 | 15 | 25 | 35 |

**❶**

| 22 | 21 | 24 | 23 | 26 |

→ | 21 | 22 | 23 | 24 |

**❸**

| 78 | 76 | 67 | 75 | 77 | 74 |

→ | 74 | 75 | 76 | 77 | 78 |

64 / 65

---

응용력이 커지는
**STEP 2**

월 일

**2** 뛰어세기를 하여 출발부터 도착까지 산을 이어 보세요.

**❶**

출발 →

| 1 | 11 | 13 | 15 | 17 |
| 20 | 21 | 22 | 23 | 24 |
| 30 | 31 | 41 | 51 | 61 |
| 40 | 41 | 42 | 43 | 71 | → 도착

**❸**

출발 →

| 2 | 9 | 12 | 13 | 14 | 70 | → 도착
| 4 | 16 | 31 | 32 | 28 | 72 |
| 6 | 23 | 13 | 51 | 50 | 65 |
| 8 | 30 | 37 | 44 | 22 | 32 |
| 10 | 12 | 14 | 16 | 18 | 20 |

**❷**

출발 →

| 1 | 11 | 12 | 13 | 14 |
| 4 | 21 | 31 | 32 | 29 | → 도착
| 7 | 10 | 13 | 23 | 25 |
| 10 | 1 | 16 | 19 | 22 |

**❹**

출발 →

| 3 | 5 | 7 | 9 | 11 | 13 |
| 7 | 11 | 15 | 27 | 31 | 15 |
| 11 | 13 | 19 | 23 | 35 | 17 |
| 15 | 23 | 27 | 31 | 39 | 43 |
| 19 | 22 | 26 | 35 | 43 | 47 | → 도착

66 / 67

응용력이 커지는 STEP 2

월 일

68
69

3 규칙에 따라 고리를 색칠하고 알맞은 수를 써 보세요.

❶

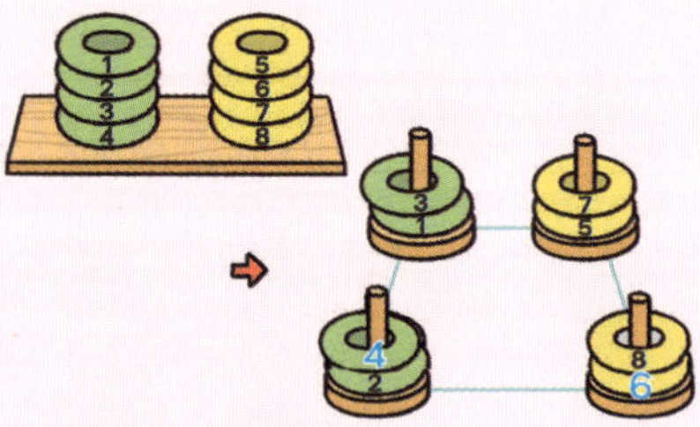


❷

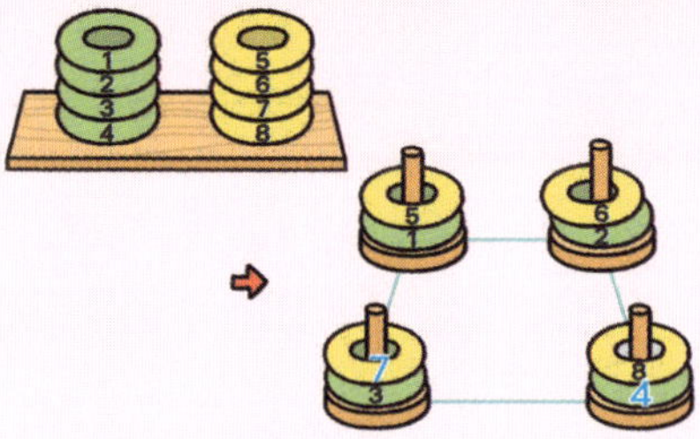


❸

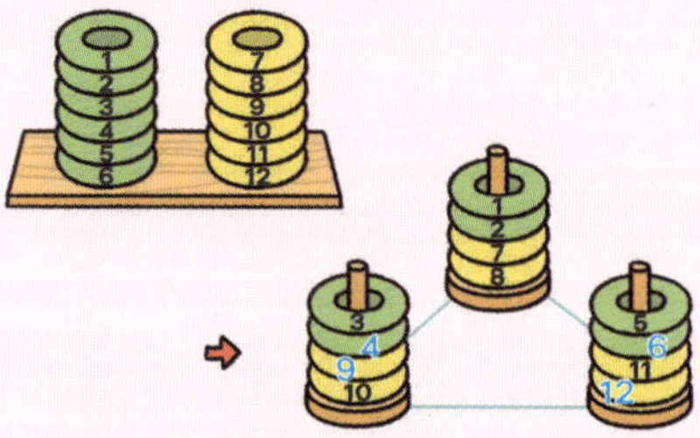


❹

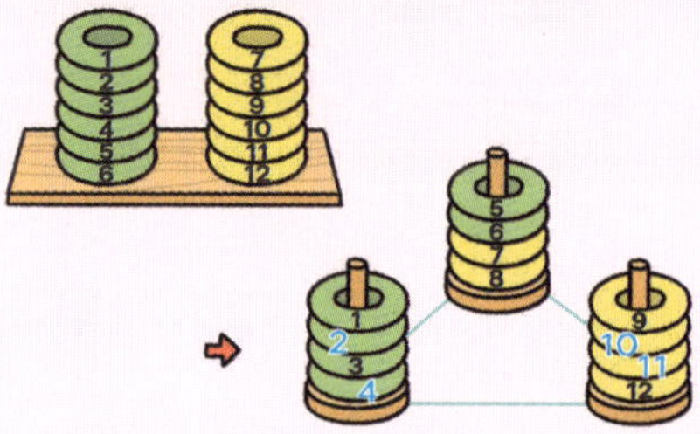


창의력이 샘솟는 STEP 3

## 규칙에 맞는 수를 채워요

월 일

70
71

1 1~15가 적힌 숫자 카드가 한 장씩 총 15장 있습니다. [보기]와 같이 규칙을 찾고 빈칸에 알맞은 수를 써 보세요.

보기

| | | | |
|---|---|---|---|
| 4 | 6 | 8 | 2 |
| 1 | 9 | 3 | 7 |

규칙 : 두 카드의 합이 10이 되도록 짝지었다.

❶ (예)

| | | | | | |
|---|---|---|---|---|---|
| 12 | 2 | 13 | 1 | 3 | 11 |
| 10 | 4 | 9 | 5 | 8 | 6 |

규칙 : 합이 14가 되게 짝지음.
(카드의 앞, 뒤 순서가 달라도 가능)

❷ (예)

| | | | | | |
|---|---|---|---|---|---|
| 15 | 13 | 14 | 12 | 9 | 7 |
| 10 | 8 | 6 | 4 | 5 | 3 |

규칙 : 차가 2가 되도록 짝지음.
또는 (8, 6), (2, 4), (1, 3)이 들어가도 정답
(카드의 앞, 뒤 순서가 달라도 가능)

❸ (예)

| | | | | | |
|---|---|---|---|---|---|
| 9 | 7 | 10 | 6 | 11 | 5 |
| 15 | 1 | 14 | 2 | 13 | 3 |

규칙 : 합이 16이 되도록 짝지음.
또는 (4, 12)가 들어가도 정답
(카드의 앞, 뒤 순서가 달라도 가능)

❹

| 15 | 3 | | 11 | 7 | | 14 | 4 |
| 12 | 6 | | 13 | 5 | | 10 | 8 |

규칙 : 합이 18이 되도록 짝지음.
(카드의 앞, 뒤 순서가 달라도 가능)

❻

| 5 | 10 | | 6 | 11 | | 9 | 14 |
| | 8 | 3 | | 7 | 2 | |

규칙 : 차가 5가 되도록 짝지음.
또는 (13, 8), (12, 7)가 들어가도 정답
(카드의 앞, 뒤 순서가 달라도 가능)

72/73

❺
(예)

| 3 | 9 | | 7 | 1 | | 8 | 2 |
| 10 | 4 | | 11 | 5 | | 12 | 6 |

규칙 : 차가 6이 되도록 짝지음.
(카드의 앞, 뒤 순서가 달라도 가능)

❼

| 2 | 9 | | 5 | 12 | | 8 | 15 |
| 3 | 10 | | 4 | 11 | | 6 | 13 |

규칙 : 차가 7이 되도록 짝지음.
(7, 14)가 들어가도 정답
(카드의 앞, 뒤 순서가 달라도 가능)

---



1  [보기]와 같이 사다리 타기를 하여 짝을 지으려고 합니다.

❶ 각 장난감과 짝이 되는 사람을 찾아 빈칸에 알맞은 이름을 써 보세요.

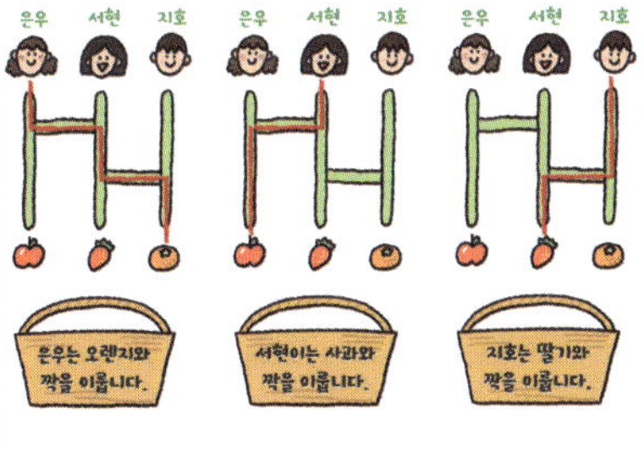

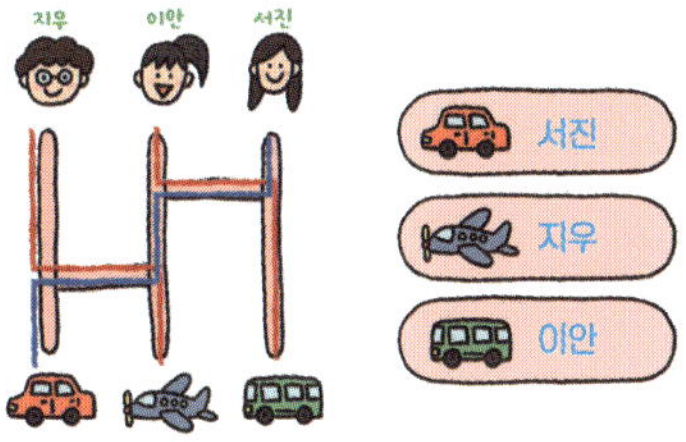

서진
지우
이안

❷ 각 음료수와 짝이 되는 사람을 찾아 빈칸에 알맞은 이름을 써 보세요.

이현
서원
이수

76/77

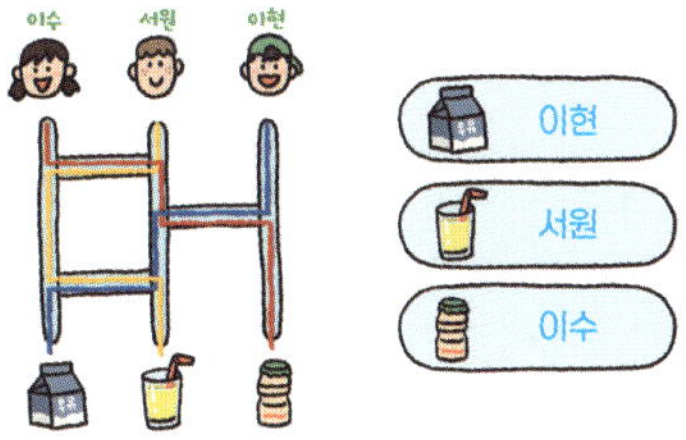

생각이 자라는 STEP 1

월 일

78
79

2 새끼와 어미가 바르게 이어지도록 사다리의 가로선 1개를 지우려고 합니다. 지워야 하는 가로선에 ×표 해 보세요.

❶

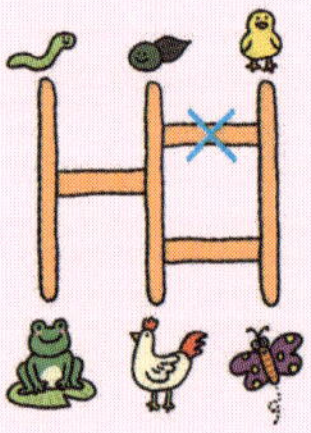

❷

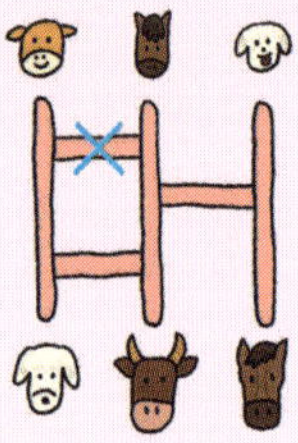

3 같은 종류의 물건이 연결되도록 사다리에 가로선 1개를 더하려고 합니다. 더해야 하는 위치에 가로선을 그려 보세요.

❶

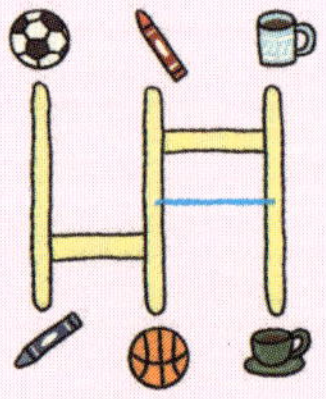

❷ (예)

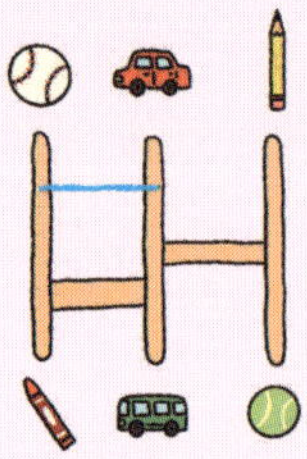

응용력이 커지는 STEP 2

## 어떤 관계가 있을까?

월 일

80
81

1 색이 다른 구슬은 무게도 서로 다릅니다. 구슬을 양쪽에 달아 기울지 않는 모빌을 만들고 있습니다.

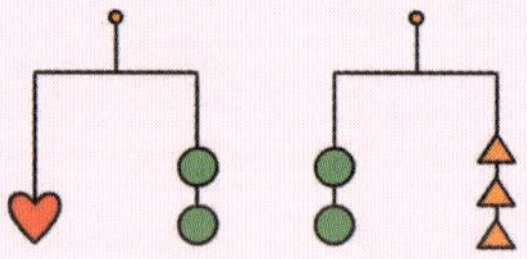

❶ 그림을 보고, 구슬의 무게 사이의 관계를 글로 나타내었습니다. 빈칸에 알맞은 수를 적어 글을 완성해 보세요.

♥ 1개는 ●( 2 )개와 무게가 같습니다.
● 2개는 ▲( 3 )개와 무게가 같습니다.

❷ 새로운 모빌을 만들었습니다. 이때, ▲은 몇 개 필요한가요?

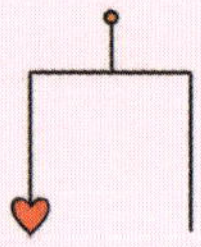

▲ 3 개

2 그림을 보고, 구슬의 무게 사이 관계를 찾아 마지막 모빌을 완성하는 데 필요한 구슬의 개수를 구하세요.

❶

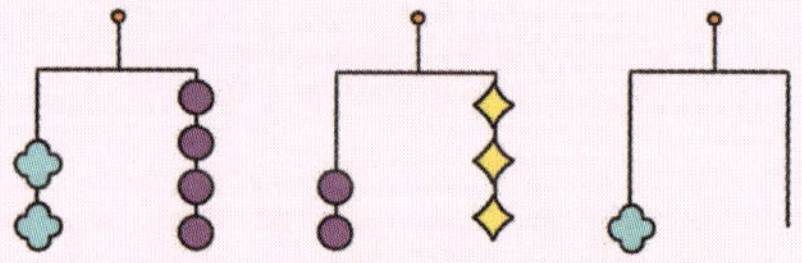

◇ 3 개

❷

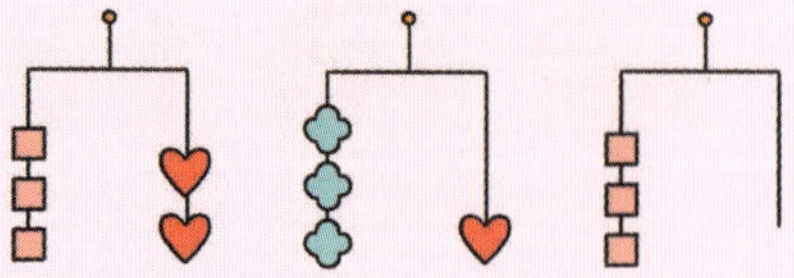

✿ 6 개

**3** 친구들끼리 사진을 찍었습니다. [보기]와 같이 친구들이 서 있는 순서대로
이름을 적어 놓은 것을 보고, 빈칸에 알맞은 이름을 써 보세요.

보기

은우, 도연
도연, 이현

은우  도연  이현

❷

은우, 지원
지원, 정원, 이현

은우  지원  정원  이현

❶

지우, 이안
이안, 서진

지우  이안  서진

❸

다운, 이수
서원, 성연, 다운

서원  성연  다운  이수

82
83



**4** 도연, 시우, 지호, 재희가 놀이공원에서 관람차를 타고 있습니다. 아래 설
명을 읽고 각 관람차에 타고 있는 사람의 이름을 써 보세요.

▶ 도연이는 초록색 관람차를 타고 있습니다.
▶ 시우와 지호 사이에 다른 친구가 타고 있습니다.
▶ 지호는 노란색 관람차를 타고 있지 않습니다.

**5** 은우, 지아, 서진, 이수가 놀이공원에서 관람차를 타고 있습니다. 아래 설
명을 읽고 각 관람차에 타고 있는 사람의 이름을 써 보세요.

▶ 은우의 양쪽 옆에는 지아와 서진이가 타고 있습니다.
▶ 은우는 노란색 관람차를 타고 있습니다.
▶ 지아는 파란색 관람차를 타고 있지 않습니다.

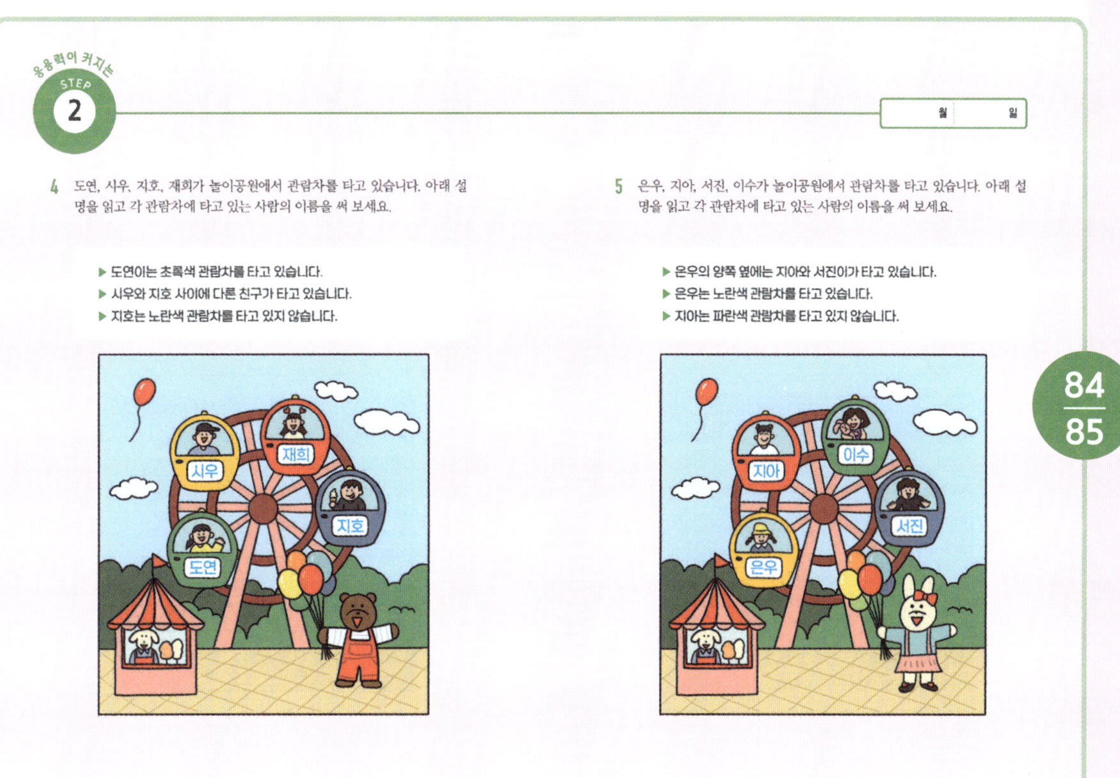


84
85

# 정해진 자리를 찾아요

월    일

**1** [보기]와 같이 주어진 설명에 맞게 국가 카드를 순서대로 놓으려고 합니다.
각 자리에 알맞은 국가의 이름을 골라 번호를 써 보세요.

**보기**

▶ 미국 1장, 체코 2장, 벨기에 1장을 갖고 있습니다.
(①미국 ②체코 ③ 체코 ④ 벨기에)
▶ 체코 카드와 체코 카드 사이에 다른 카드 한 장이 있습니다.
▶ 미국 카드는 가장 왼쪽에 있습니다.

① 미국    ② 체코    ④ 벨기에    ③ 체코

**❷**

▶ 일본, 필리핀, 호주, 네덜란드 카드를 각 1장씩 갖고 있습니다.
(①일본 ②필리핀 ③호주 ④네덜란드)
▶ 일본 카드 바로 왼쪽에 호주 카드가 있습니다.
▶ 필리핀 카드 바로 오른쪽에 호주 카드가 있습니다.
▶ 네덜란드 카드는 가장 왼쪽에 있습니다.

④ 네덜란드    ② 필리핀    ③ 호주    ① 일본

**❶**

▶ 칠레 2장, 요르단 1장, 콩고 공화국 1장을 갖고 있습니다.
(①칠레 ②칠레 ③ 요르단 ④ 콩고 공화국)
▶ 칠레 카드는 서로 이웃해 있습니다.
▶ 칠레 카드와 요르단 카드 사이에는 콩고 공화국 카드가 있습니다.
▶ 요르단 카드는 가장 오른쪽에 있습니다.

① 칠레    ② 칠레    ④ 콩고    ③ 요르단

**❸**

▶ 중국, 칠레, 스위스, 멕시코 카드를 각 1장씩 갖고 있습니다.
(①중국 ②칠레 ③스위스 ④멕시코)
▶ 칠레 카드와 중국 카드 사이에 다른 카드 한 장이 있습니다.
▶ 스위스 카드는 가장 오른쪽에 있습니다.
▶ 칠레 카드 오른쪽에 중국 카드가 있습니다.

② 칠레    ④ 멕시코    ① 중국    ③ 스위스

---



**❷ 내 자리는 어디에?**

# 이 중 어느 것일까요?

월    일

**1** 정리함 안에 장난감이 여러 개 있습니다. 다음 글에서 설명하는 자동차를
찾아 ○표 해 보세요.

▶ 자동차의 왼쪽에는 주사위가 있습니다.

**2** 정리함 안에 동물 방석이 여러 개 있습니다. 다음 글에서 설명하는 원숭이
방석을 찾아 ○표 해 보세요.

▶ 원숭이 방석의 왼쪽에는 곰 방석이 있습니다.
▶ 원숭이 방석의 위에는 기린 방석이 있습니다.

**3** 정리함 안에 교통수단 장난감이 여러 개 있습니다. 다음 글에서 설명하는 자동차를 찾아 ○표 해 보세요.

▶ 비행기는 자동차의 오른쪽에 있습니다.
▶ 자동차의 아래에는 배가 있습니다.

**4** 정리함 안에 장난감 인형이 여러 개 있습니다. 다음 글에서 설명하는 원숭이 인형을 찾아 ○표 해 보세요.

▶ 원숭이 인형의 오른쪽에는 기린 인형이 있습니다.
▶ 돼지 인형은 원숭이 인형의 위에 있습니다.

90 / 91

---

응용력이 커지는
**STEP 2  어느 위치인지 살펴요**

월    일

**1** 정리함 안에 장난감이 아래 그림처럼 정리되어 있습니다.



❶ 장난감이 놓인 위치를 설명한 글입니다. 알맞은 말을 골라 빈칸에 써 보세요.

왼쪽, 오른쪽, 위, 아래

▶ 곰 인형은 야구 방망이의 [ 왼쪽 ] 에 있습니다.
▶ 비행기는 축구공의 [ 위 ] 에 있습니다.
▶ 자동차는 사자 인형의 [ 아래 ] 에 있습니다.
▶ 축구공은 농구공의 [ 오른쪽 ] 에 있습니다.

❷ 지우와 태연이가 돼지 인형의 위치를 서로 다르게 설명하였습니다. 빈칸에 알맞은 글을 골라 ○표 해 보세요.

지우　돼지 인형은 곰 인형의 ( 위 / 아래 )에 있어.

태연　돼지 인형은 비행기의 ( 왼쪽 / 오른쪽 )에 있어.

❸ 장난감을 보며 나눈 친구들의 대화를 읽고 잘못 말한 사람의 이름을 써 보세요.

은우　비행기의 위에는 야구 방망이가 있어.

시우　사자 인형의 바로 아래에는 자동차가 있어.

도연　축구공의 오른쪽에는 농구공이 있어.

서진　글러브의 왼쪽에는 축구공이 있어.

[ 도연 ]

92 / 93

**2** 돼지 삼형제는 서로 다른 장난감을 가지고 있습니다. 누가 어떤 장난감을 갖고 있는지 주어진 표에 ○표 해 보세요.

**❶**
▶ 첫째 돼지는 두 글자로 된 장난감을 갖고 있습니다.
▶ 셋째 돼지는 날개가 달린 장난감을 갖고 있지 않습니다.

**❷**
▶ 둘째 돼지는 파란색 로봇을 갖고 있지 않습니다.
▶ 둘째 돼지는 다음번에는 초록색 로봇을 갖고 놀기로 결심했습니다.
▶ 셋째 돼지는 초록색 로봇을 갖고 있지 않습니다.

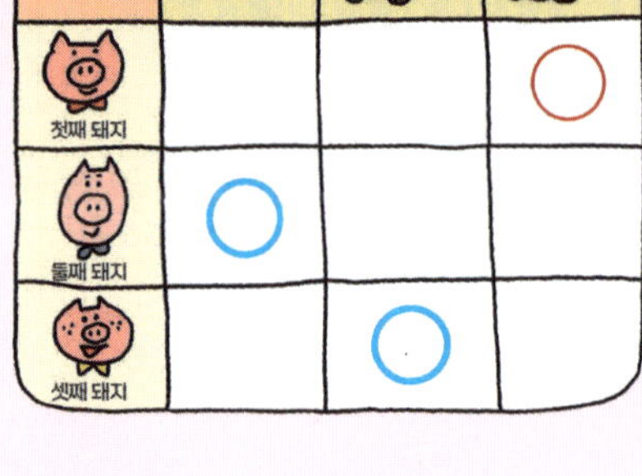

**3** 선생님의 질문을 듣고, 진실이면 ○ 카드를, 진실이 아니라면 × 카드를 듭니다. 선생님의 질문과 친구들의 카드를 보고 물음에 답하세요.

**❶** 세 친구는 사과, 참외, 복숭아를 하나씩 가지고 있습니다. 서로 다른 과일을 갖고 있을 때, 각자 어떤 과일을 갖고 있는지 빈칸에 알맞은 과일을 써 보세요.

은우 **사과**    성현 **참외**    서현 **복숭아**

**❷** 세 친구는 플룻, 바이올린, 기타 중 하나씩 가지고 있습니다. 서로 다른 악기를 갖고 있을 때, 각자 어떤 악기를 갖고 있는지 빈칸에 알맞은 악기를 써 보세요.

은우 **플룻**    성현 **바이올린**    서현 **기타**

## STEP 3  알맞은 자리를 찾아요

월 일

**1** 지원, 희수, 성원은 1~3층인 집에서 서로 다른 층에 살고 있습니다. 다음 설명을 보고 각 층에 누구의 방이 있는지 이름을 써 보세요.

▶ 지원이의 방은 가장 위층입니다.
▶ 성원이의 방은 1층이 아닙니다.

| 1층 | 2층 | 3층 |
| --- | --- | --- |
| 희수 | 성원 | 지원 |

**2** 지원, 희수, 성원은 방을 바꾸기로 하였습니다. 다음 설명을 보고 모두가 만족하려면 각각 몇 층으로 방을 옮겨야 할지 이름을 써 보세요.

▶ 지원이는 가장 위층의 방을 원하지 않습니다.
▶ 희수는 가장 아래층 방도 가장 위층 방도 원하지 않습니다.

| 1층 | 2층 | 3층 |
| --- | --- | --- |
| 지원 | 희수 | 성원 |

**3** 선생님이 반 학생들을 여러 모둠으로 나누고 있습니다. 다음 설명을 보고 빈칸에 알맞은 학생의 이름을 써 보세요.

은우, 성원, 서현은 각기 다른 모둠에 속해 있습니다.

**Q.** 당신은 1조입니까?
은우 : 아니오  성원 : 아니오  서현 : 네

**Q.** 당신은 2조가 아닙니까?
은우 : 아니오  성원 : 네  서현 : 네

| 1조 | 2조 | 3조 |
| --- | --- | --- |
| 서현 | 은우 | 성원 |

서아, 시우, 지호는 각기 다른 모둠에 속해 있습니다.

**Q.** 당신은 1조가 아닙니까?
서아 : 아니오  시우 : 네  지호 : 네

**Q.** 당신은 2조가 아닙니까?
서아 : 네  시우 : 아니오  지호 : 네

| 1조 | 2조 | 3조 |
| --- | --- | --- |
| 서아 | 시우 | 지호 |

98 / 99

---



## STEP 1  ❸ 수 안의 규칙을 찾아요
## 규칙에 맞게 색칠해요

월 일

**1** 가로줄과 세로줄에 색칠된 칸의 수만큼 ◯ 안에 알맞은 수를 써 보세요.

**2** ◯ 안의 수만큼 가로줄과 세로줄의 칸을 색칠해 보세요.

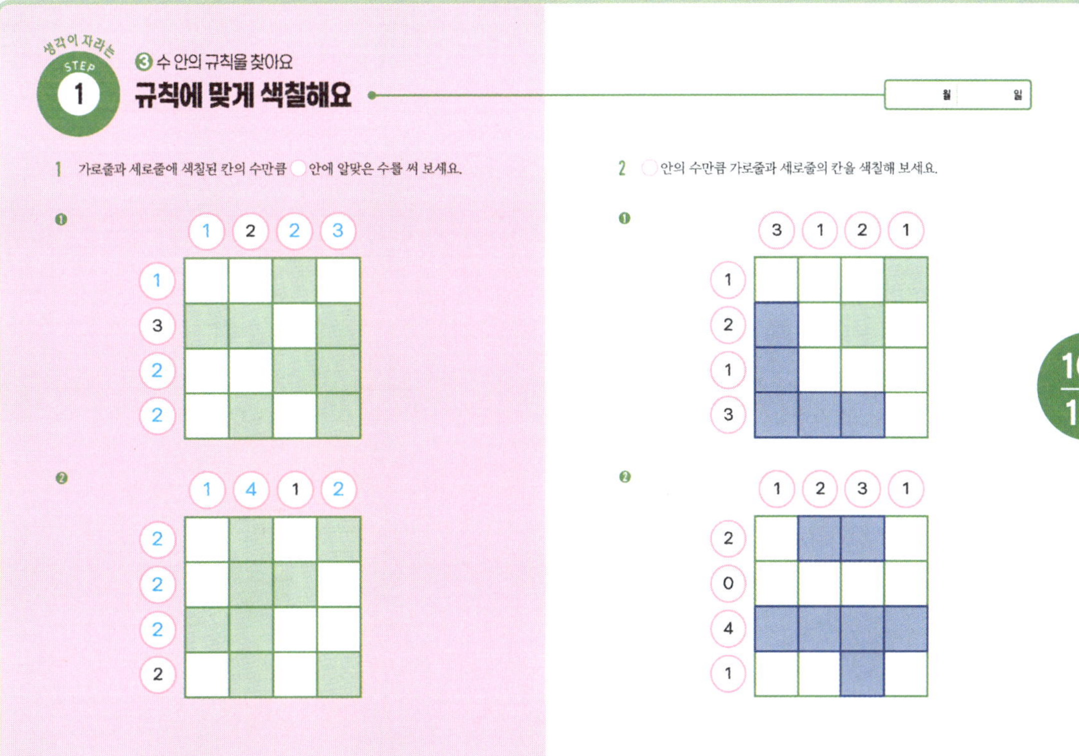

100 / 101

생각이 자라는 STEP 1

월 일

3 [보기]와 같이 규칙에 따라 땅을 나누고 색칠해 보세요.

보기

- 땅은 반드시 네모 모양으로 나누어야 합니다.
- 나누어진 땅 안에 깃발이 꼭 1개씩 있어야 합니다.
- 깃발에 쓰인 수만큼 네모 칸을 포함해야 합니다.

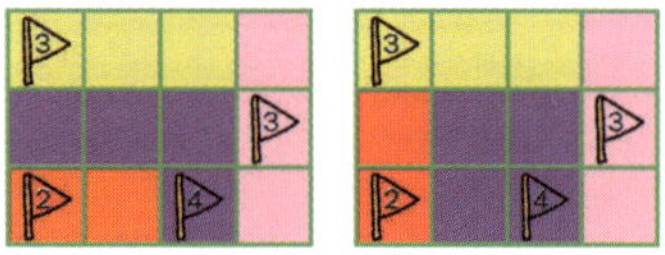

( × ) ( ○ )

보라색 땅이 네모 모양이 아닙니다.

102
103

❶

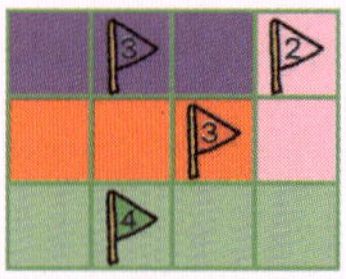

❷

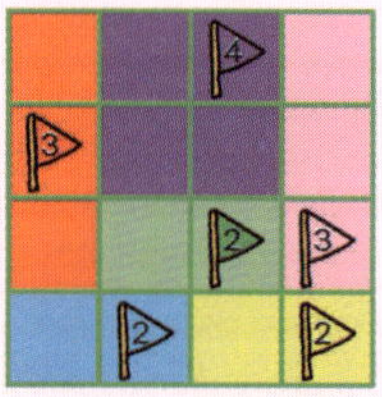

❸

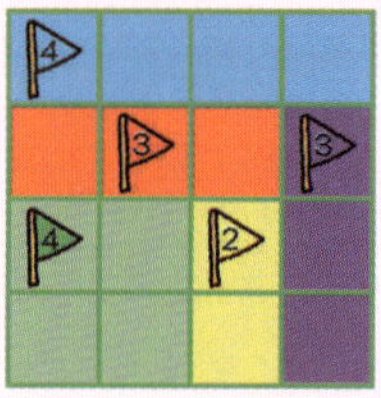

응용력이 커지는 STEP 2

## 규칙에 따라 빈칸을 채워요

월 일

104
105

1 [보기]와 같이 각 가로줄, 세로줄에 ◎, ◫, ♡가 하나씩 들어가야 합니다. 빈칸에 알맞은 모양을 그려 넣어 보세요.

보기

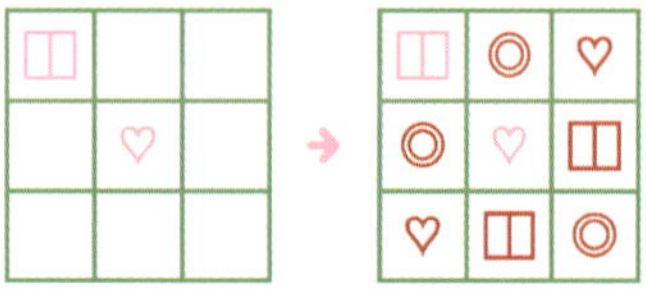

❶

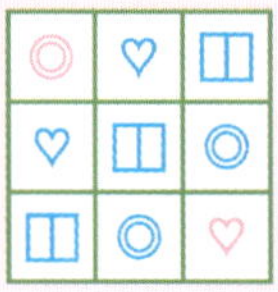

❷

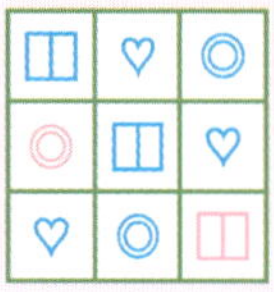

2 각 가로줄, 세로줄에 ○, △, □, ☆가 하나씩 들어가야 합니다. 빈칸에 알맞은 모양을 그려 넣어 보세요.

❶

| | | | |
|---|---|---|---|
| ☆ | ○ | △ | □ |
| ○ | △ | □ | ☆ |
| □ | ☆ | ○ | △ |
| △ | □ | ☆ | ○ |

❷

| | | | |
|---|---|---|---|
| ☆ | ○ | □ | △ |
| □ | △ | ☆ | ○ |
| ○ | □ | △ | ☆ |
| △ | ☆ | ○ | □ |

3 각 가로줄, 세로줄에 ○, △, □, ♡, ☆가 하나씩 들어가야 합니다. 빈칸에 알맞은 모양을 그려 넣어 보세요.

❶

| | | | | |
|---|---|---|---|---|
| ☆ | ♡ | □ | △ | ○ |
| □ | ☆ | △ | ○ | ♡ |
| △ | □ | ○ | ♡ | ☆ |
| ○ | △ | ♡ | ☆ | □ |
| ♡ | ○ | ☆ | □ | △ |

❷

| | | | | |
|---|---|---|---|---|
| ☆ | ♡ | □ | △ | ○ |
| ♡ | △ | ☆ | ○ | □ |
| □ | ○ | △ | ☆ | ♡ |
| △ | □ | ○ | ♡ | ☆ |
| ○ | ☆ | ♡ | □ | △ |

응용력이 커지는 STEP 2

월 일

4 돼지 마을 친구들이 운동회를 합니다. [보기]와 같이 규칙에 따라 청팀, 백팀의 위치에 맞게 '청' 또는 '백'을 써 보세요.

보기

▶ 가로줄과 세로줄에는 청팀 돼지 1마리와 백팀 돼지 1마리가 있어야 합니다.

▶ ▷와 ▶는 가장 앞에 보이는 돼지의 머리띠 색입니다.

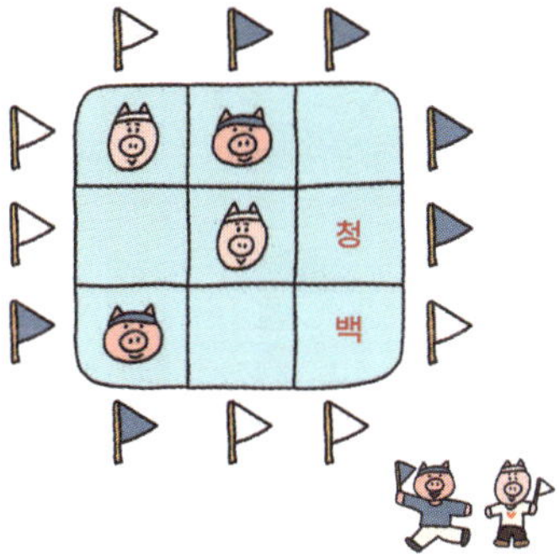


❶

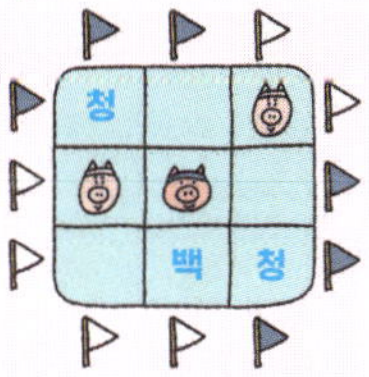


❷

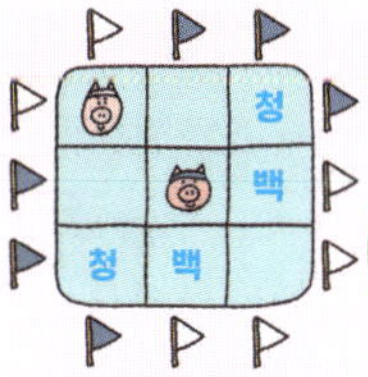


❸

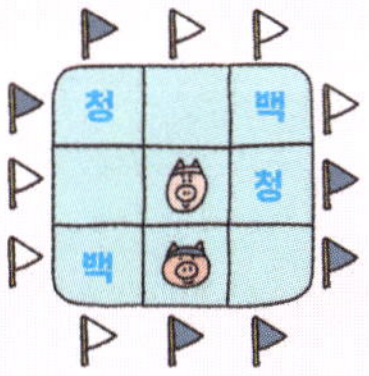


❹

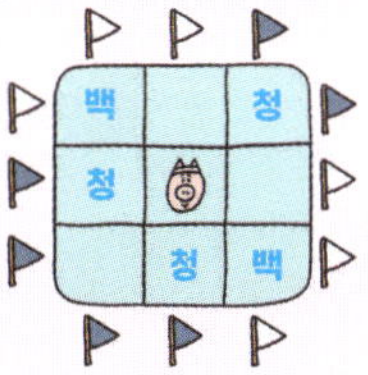


106
107

응용력이 커지는 STEP 2

월 일

5 [보기]와 같이 초콜릿에 쓰인 수만큼 초콜릿을 여러 개의 네모 조각을 나누어 표시해 보세요. (단, 나누어진 조각 안에 숫자는 꼭 1개씩 있어야 합니다.)

보기

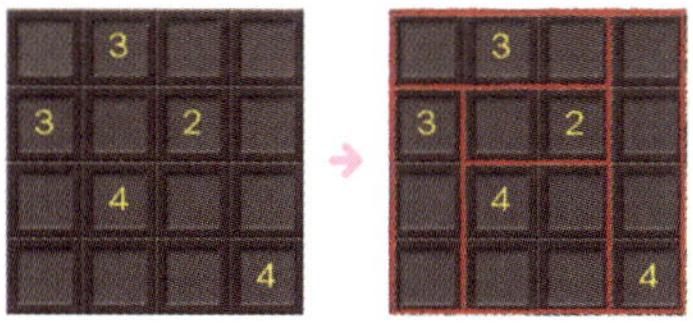


❶

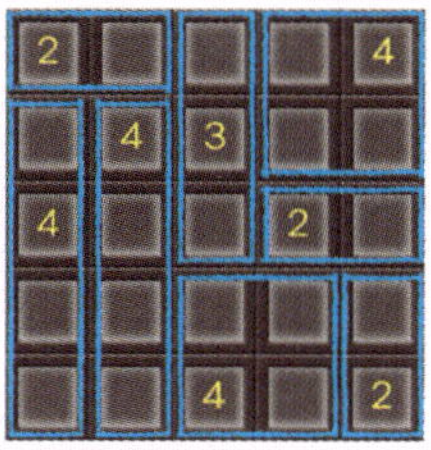


❷

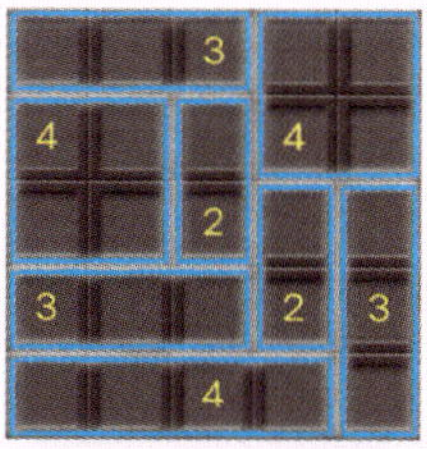


❸

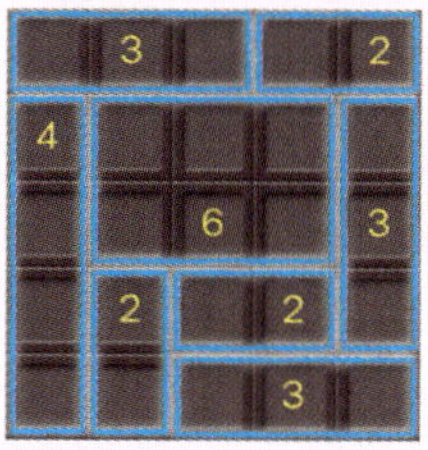


108
109

창의력이 샘솟는 STEP 3

## 선을 그어 규칙을 완성해요

월 일

110
111

1 금화 주위에 선을 그어 금화를 가두는 퍼즐입니다. [보기]와 같이 규칙에 따라 선을 그어 퍼즐을 해결해 보세요.

보기

▶ 각 □ 안의 숫자는 그 □를 지나는 선의 개수를 나타냅니다.
▶ 선이 중간에 끊겨서는 안 됩니다.
▶ 선끼리 서로 엇갈려서는 안 됩니다.

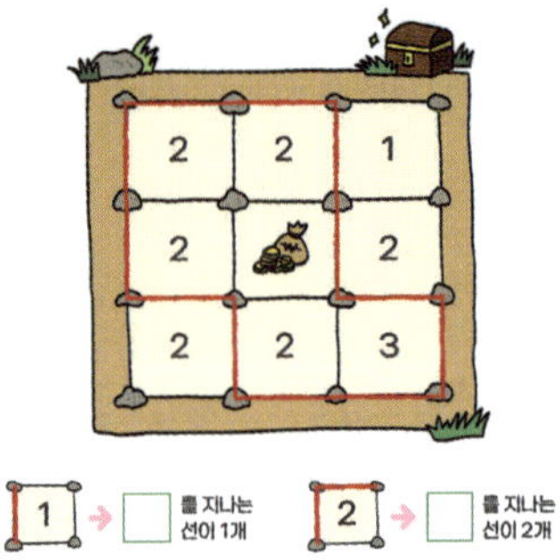

2 2 1
2 2
2 2 3
1 → □를 지나는 선이 1개
2 → □를 지나는 선이 2개


❶

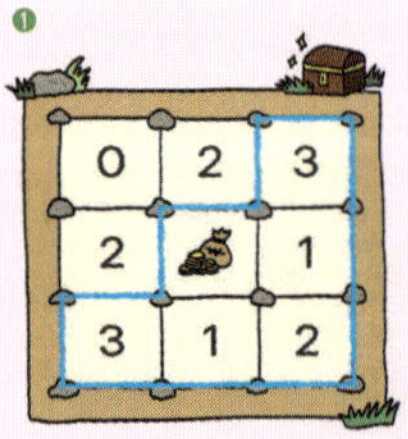

0 2 3
2 1
3 1 2


❷ (예)

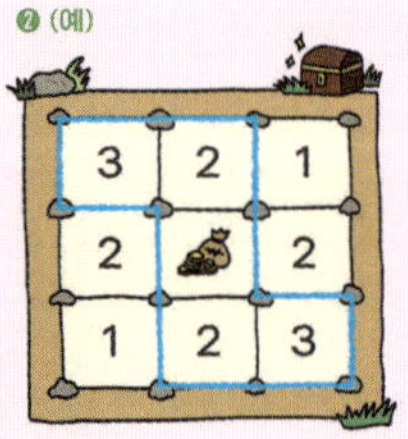

3 2 1
2 2
1 2 3


❸

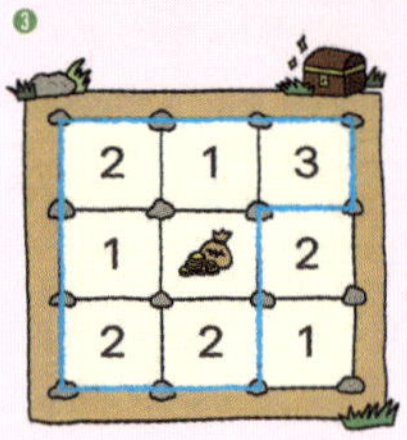

2 1 3
1 2
2 2 1


❹

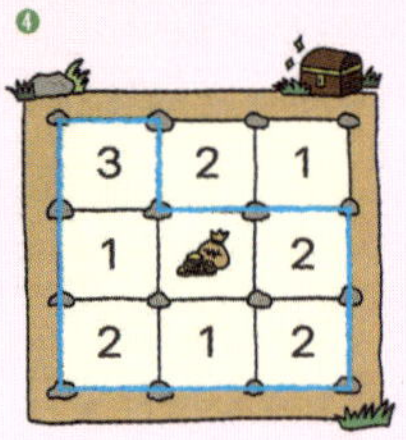

3 2 1
1 2
2 1 2


생각이 자라는 STEP 1

❹ 순서를 찾아 해결해요

## 순서를 찾아 움직여요

월 일

112
113

1 [보기]와 같이 왼쪽 퍼즐의 블록을 옮겨 오른쪽 퍼즐의 모양으로 만들려고 합니다. 어떤 순서로 옮겨야 할지 블록의 번호를 써 보세요.

보기

▶ 블록은 밀어서만 움직일 수 있습니다.
▶ 장애물이 있으면 밀어 움직일 수 없습니다.

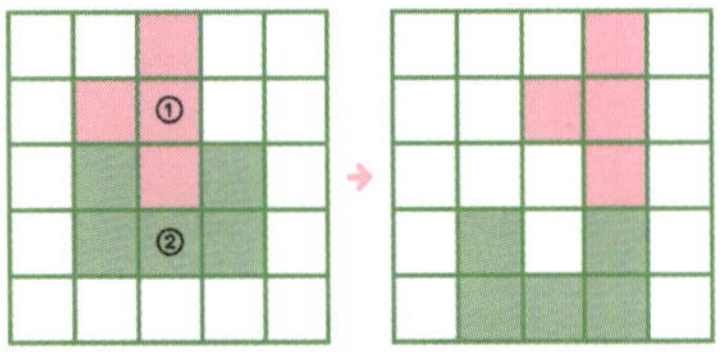

①
②


움직이는 순서 ② → ①

❶

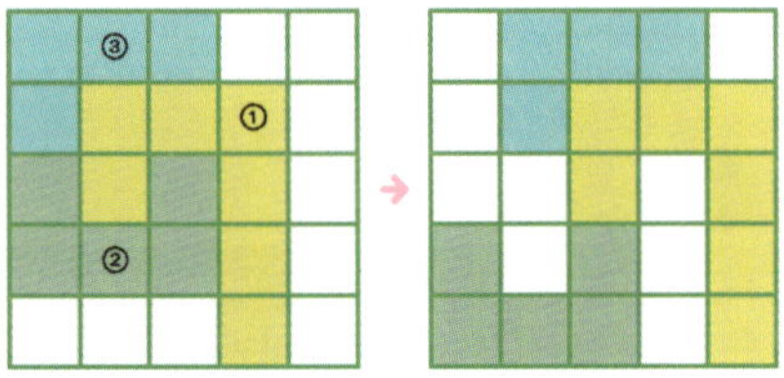

③
①
②


움직이는 순서 ② → ① → ③

❷

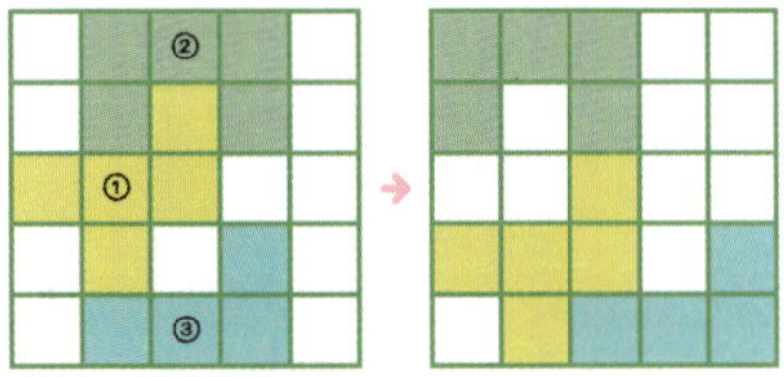

②
①
③


움직이는 순서 ③ → ① → ②

생각이 자라는 STEP 1

월 일

2 다람쥐가 도토리를 찾아 길을 떠납니다. [보기]와 같이 규칙에 따라 선을 이어 보세요.

보기

- 미로를 통과하기 위해서는 빨간 돌을 모두 지나야 합니다.
- 빨간 돌에서는 반드시 방향을 바꾸어야 하며, 회색 돌에서는 방향을 바꾸어서는 안 됩니다.
- 같은 길은 두 번 지날 수 없습니다.

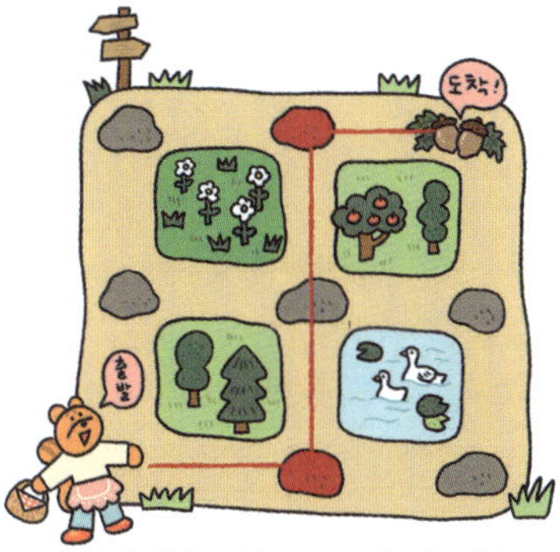


❶

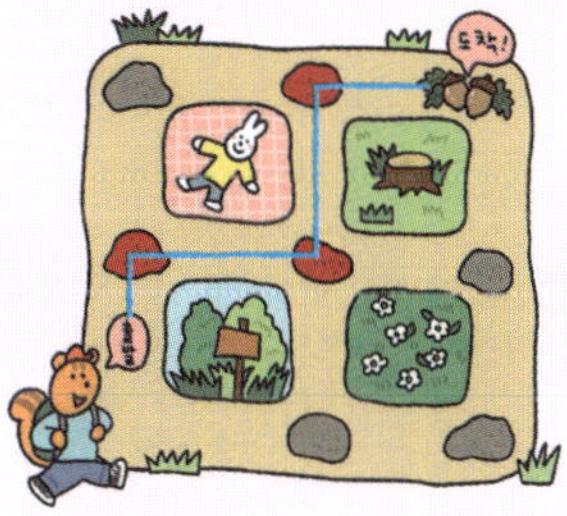


❷ (예)

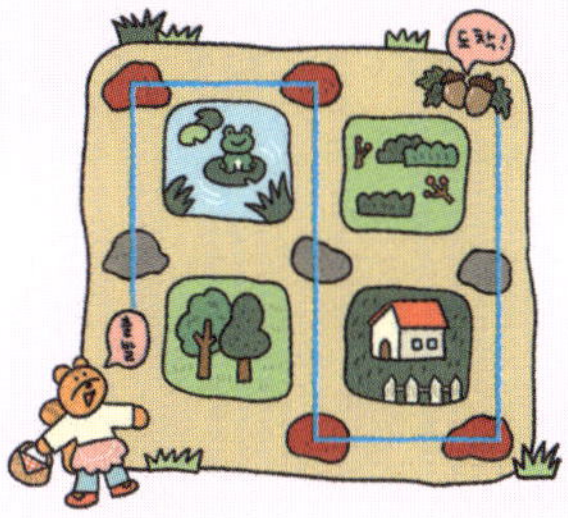


114
115

응용력이 커지는 STEP 2

## 규칙에 맞게 길을 건너요

월 일

1 [보기]와 같이 엄마 동물이 아기 동물을 만나도록 선을 이어 보세요.

보기

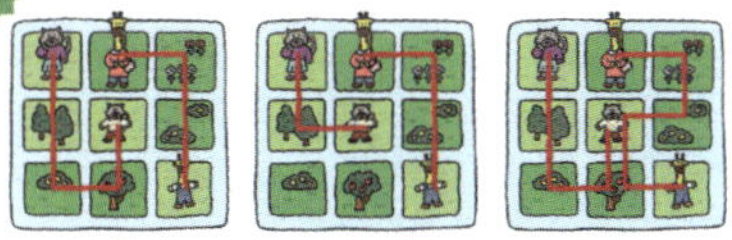

( ○ ) ( × ) ( × )

모든 칸을 지나지 않았습니다. 같은 칸을 두 번 지났습니다.

❶

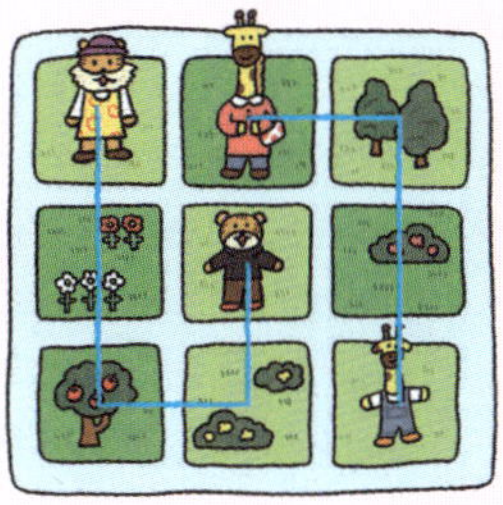

❷

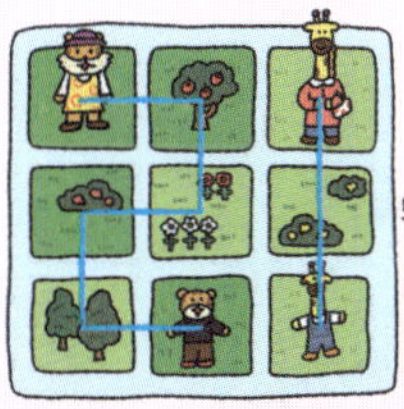

또는

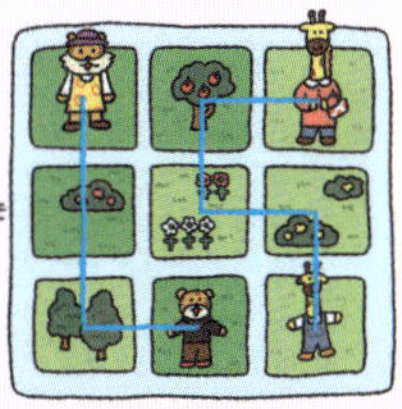

116
117

❸

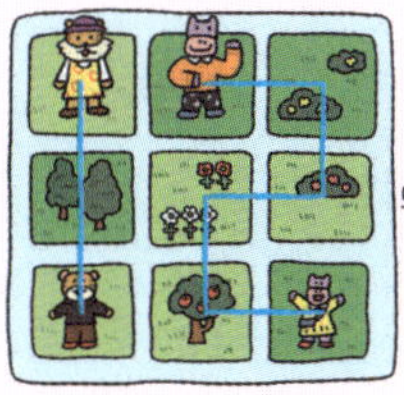

또는

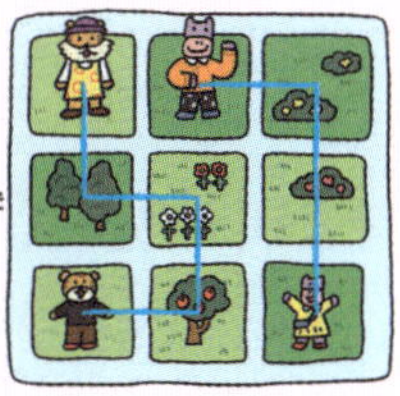

118
119

응용력이 커지는 STEP 2

월 일

❹

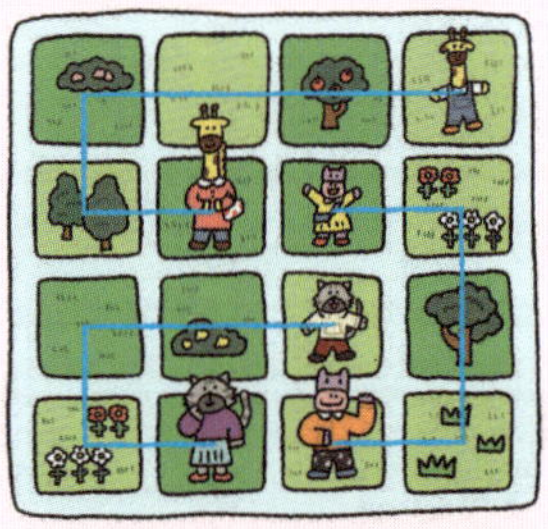

❺ (예)

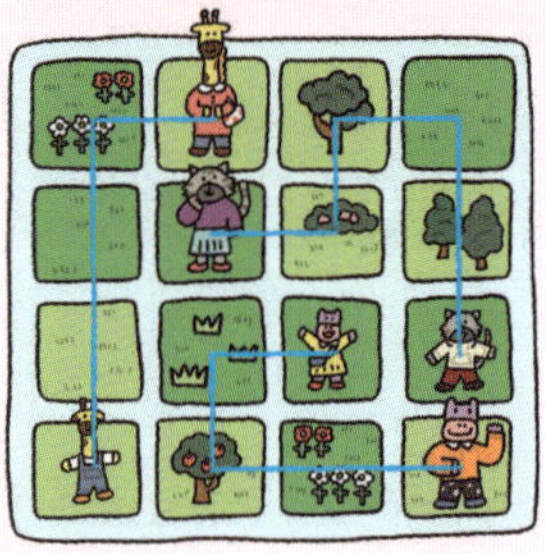

❻ (예)

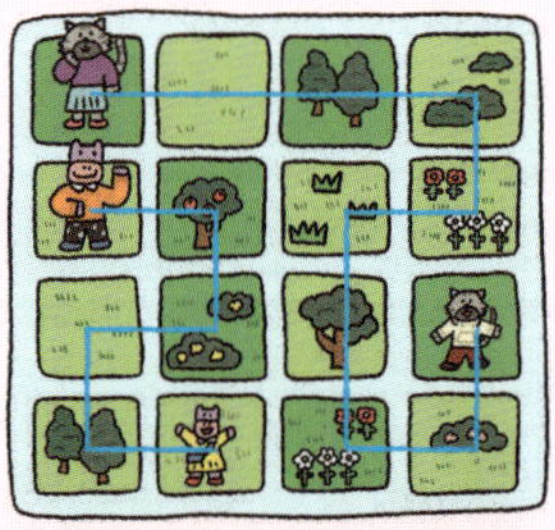

❼

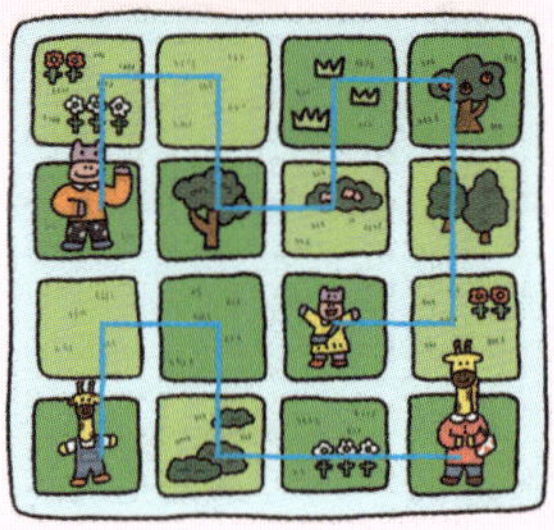

120
121

응용력이 커지는 STEP 2

월 일

2 [보기]와 같이 다람쥐가 도토리를 찾아 가도록 선을 이어 보세요. (단, 웅덩이를 피해 모든 칸을 한 번씩 지나야 합니다.)

보기

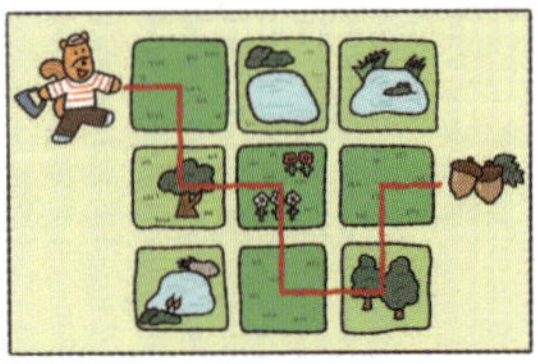

❶

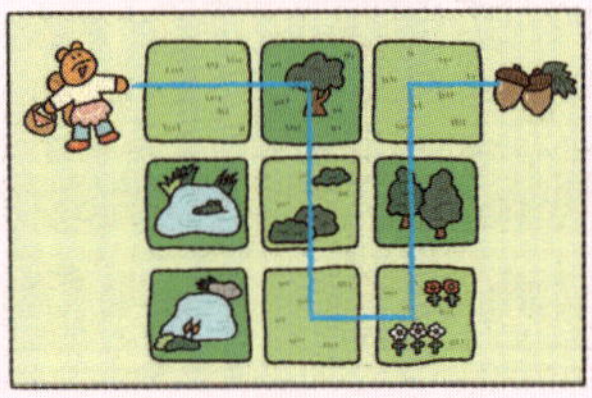

❷

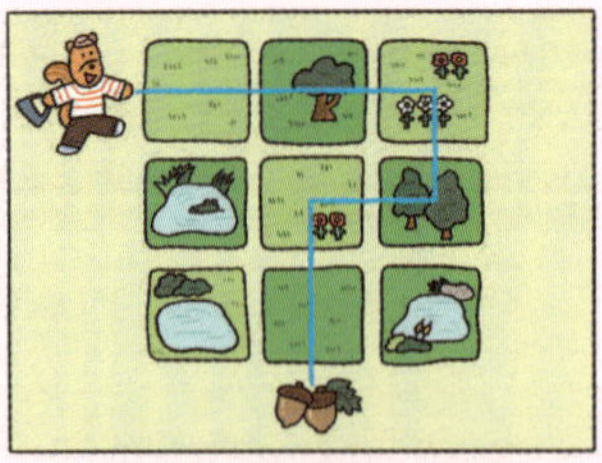

❸

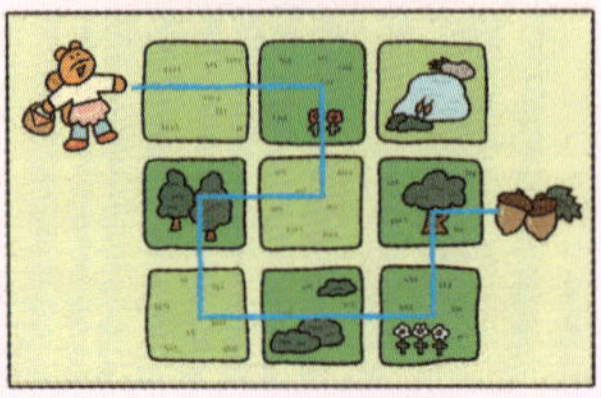

창의력이 샘솟는 STEP 3

## 선을 연결해 문장을 완성해요

월 일

1 [보기]와 같이 주어진 문장이 되도록 선을 이어 보세요.

보기

▶ 빈칸이 없도록 하나의 선으로 연결합니다.

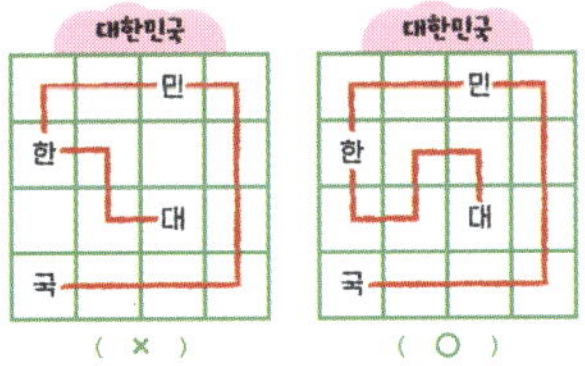

대한민국
민
한
대
국
( × )
대한민국
민
한
대
국
( ○ )


▶ 한 칸에는 하나의 선만 지나갈 수 있고 다른 선과 겹쳐서는 안 됩니다.

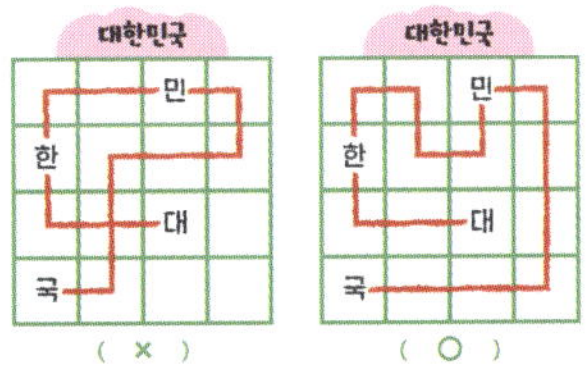

대한민국
민
한
대
국
( × )
대한민국
민
한
대
국
( ○ )


❶

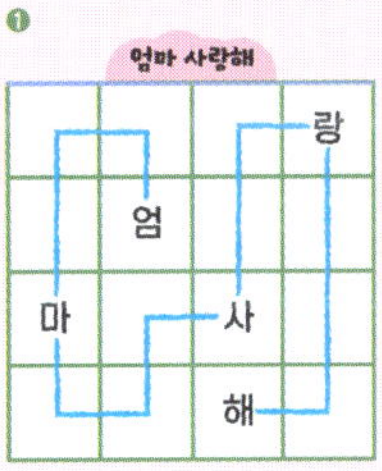

엄마 사랑해
랑
엄
마
사
해


❷ (예)

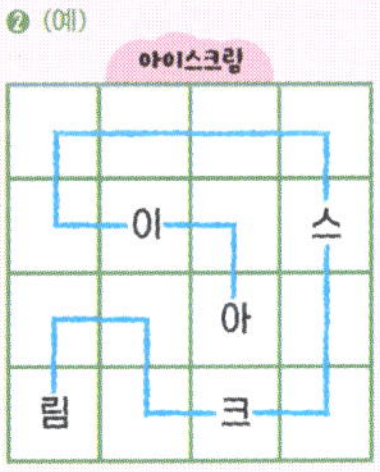

아이스크림
이
스
아
림
크


❸ (예)

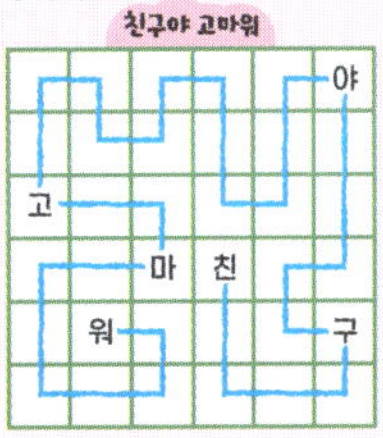

친구야 고마워
야
고
마
친
워
구


❹ (예)

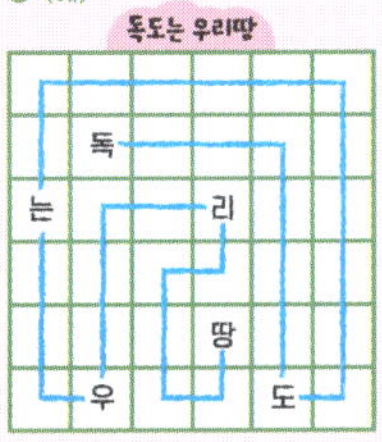

독도는 우리땅
독
는
리
땅
우
도


122
123

생각이 자라는 STEP 1

❺ 약속한 규칙을 지켜요

## 약속한 대로만 길을 가요

월 일

1 [보기]와 같이 테리와 주니가 만나도록 선을 이어 보세요.

보기

▶ 테리는 가로, 세로로 점프하여 좋아하는 주니에게까지 가야 합니다.

▶ 테리는 ♥의 개수만큼 점프하고, 한 방향으로만 연속하여 점프합니다.

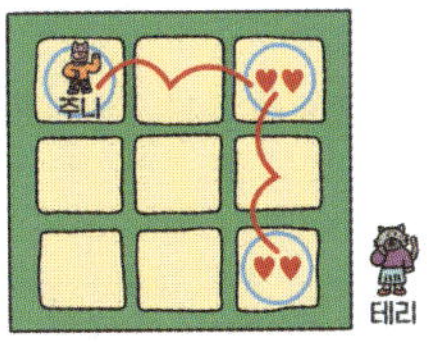

주니
테리


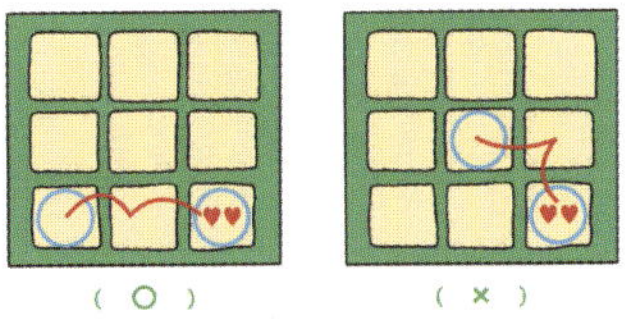

( ○ )
( × )


❶

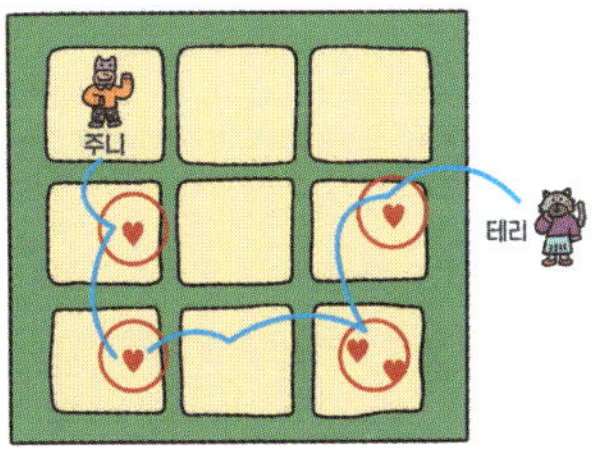

주니
테리


❷

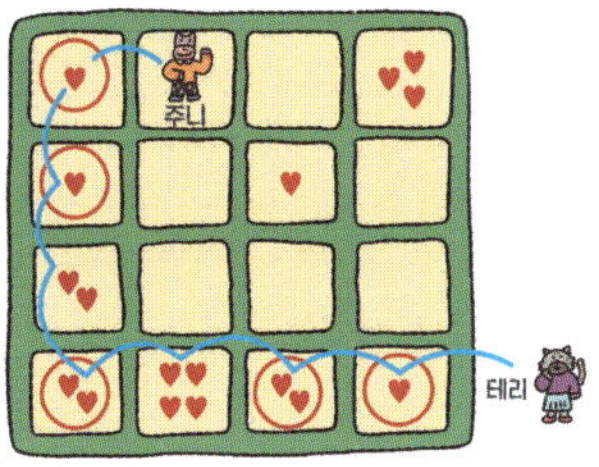

주니
테리


124
125

월 일

2 [보기]와 같이 출발에서부터 보물 상자까지 길을 찾아 선으로 이어 보세요.

# 규칙을 살피고 선을 이어요

월 일

1 [보기]와 같이 뱀의 머리와 꼬리를 연결하는 퍼즐이 있습니다.

❶ 규칙에 따라 뱀의 머리와 꼬리를 연결하는 선을 표시해 보세요.

❷ 뱀의 머리와 꼬리를 연결하는 선을 찾아 다음과 같이 표시하였습니다. 빈 칸에 들어갈 알맞은 수를 써 보세요.

응용력이 커지는 STEP 2

월 일

2 건물 사이에 다리를 놓으려고 합니다. [보기]와 같이 규칙에 따라 선을 표시해 보세요.

보기

▶ 건물에 적힌 수만큼만 다리를 연결할 수 있습니다.
▶ 대각선 방향에 놓인 건물 사이는 연결할 수 없습니다.

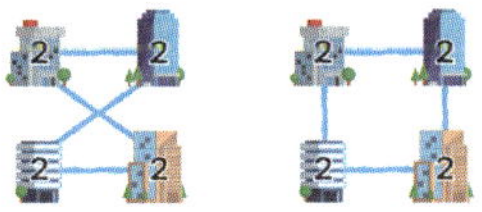


( × ) ( ○ )

대각선 방향으로는 연결할 수 없습니다.

❶

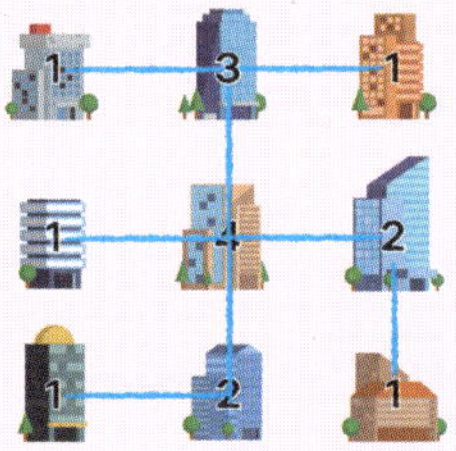


❷

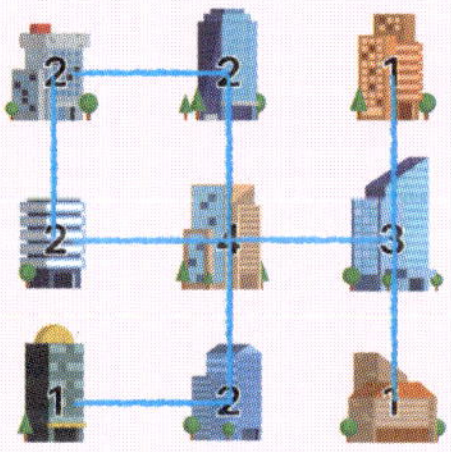


❸

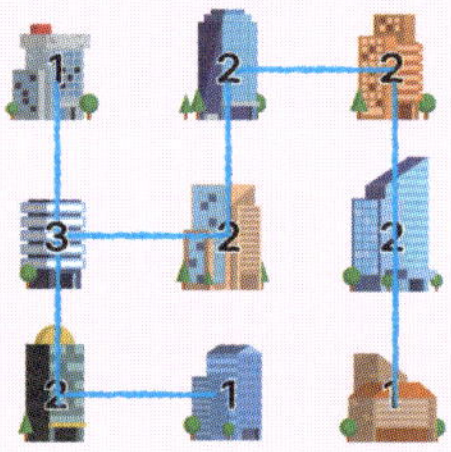


130
131

응용력이 커지는 STEP 2

월 일

3 [보기]와 같이 규칙에 따라 숨겨진 위치를 찾아봅시다. 보물이 있는 곳에는 ○표, 없는 곳에는 ×표 해 보세요.

보기

▶ 칸에 적힌 숫자는 주변에 숨겨진 보물의 개수를 나타냅니다.
▶ 숫자가 적힌 칸에는 보물이 없습니다.

| | | |
|---|---|---|
| × | × | × |
| × | 1 | × |
| ○ | × | × |

| | | |
|---|---|---|
| ○ | ○ | 2 |
| 4 | ○ | × |
| ○ | × | 1 |

❶

| | | |
|---|---|---|
| ○ | 3 | × |
| ○ | ○ | 2 |
| 2 | 3 | ○ |

❷

| | | |
|---|---|---|
| 1 | × | ○ |
| × | ○ | 3 |
| 1 | 2 | ○ |

❸

| | | | |
|---|---|---|---|
| 1 | ○ | 1 | × |
| × | × | × | 0 |
| 0 | × | 1 | 1 |
| × | × | ○ | 1 |

❹

| | | | |
|---|---|---|---|
| 0 | 1 | 1 | × |
| × | 1 | ○ | × |
| × | 2 | 2 | 2 |
| × | 1 | ○ | 1 |

❺

| | | | |
|---|---|---|---|
| × | 2 | × | ○ |
| ○ | ○ | × | 2 |
| 2 | × | × | ○ |
| × | 0 | × | 1 |

❻

| | | | |
|---|---|---|---|
| 3 | ○ | 2 | × |
| ○ | ○ | × | × |
| ○ | × | 3 | ○ |
| 1 | × | ○ | 2 |

132
133

1  [보기]와 같이 규칙에 따라 숨겨진 위치를 찾아봅시다. 보물이 있는 곳에
   는 ○표, 없는 곳에는 ×표 해 보세요.

보기

▶ 깃발 하나당 하나의 보물이 숨겨져 있습니다.
▶ 보물은 깃발의 가로나 세로 바로 옆 칸에 숨겨져 있습니다.
▶ 주변에 적힌 숫자는 각 가로, 세로줄에 숨겨진 보물의 개수를 나타냅니다.
▶ 보물들은 가로, 세로, 대각선 어느 방향에서도 서로 이웃해 있지 않습니다.



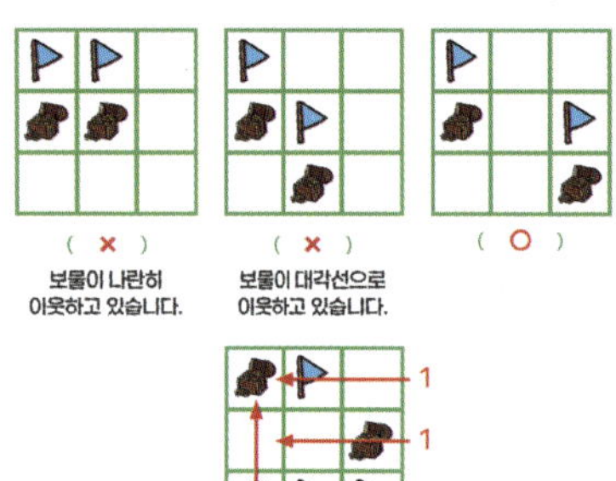

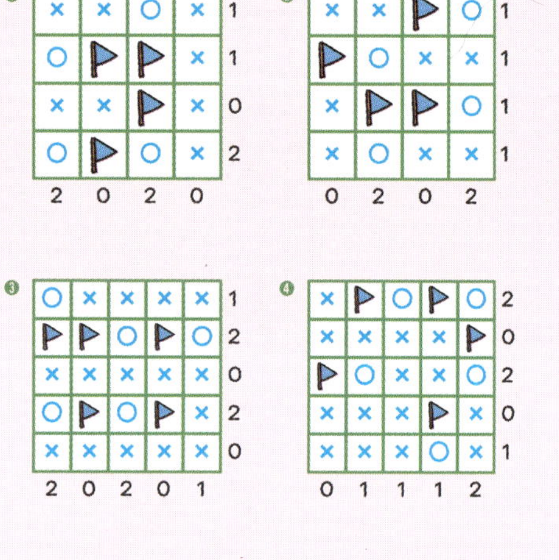